AF174693

Salvador Cucó Pardillos

Instalación fotovoltaica en autoconsumo colectivo

Caso práctico: comunidad de vecinos

2ª edición

Adaptado a la nueva estructura tarifaria

Universitat Politècnica de València

Colección Académica http://tiny.cc/edUPV_aca

Para referenciar esta publicación utilice la siguiente cita:

Cucó Pardillos, Salvador. (2024). *Instalación fotovoltaica en autoconsumo colectivo. Caso práctico: comunidad de vecinos (2ª ed.)*. edUPV.

Venta: www.lalibreria.upv.es / Ref.: 0239_07_02_01

ISBN: 978-84-1396-169-9
Depósito legal: V-503-2024

Maquetación: Enrique Mateo, *Triskelion Diseño Editorial*
Imprime: Byprint Percom, S. L.

Si el lector detecta algún error en el libro o bien quiere contactar con los autores, puede enviar un correo a edicion@editorial.upv.es

edUPV se compromete con la ecoimpresión y utiliza papeles de proveedores que cumplen con los estándares de sostenibilidad medioambiental, https://editorialupv.webs.upv.es/compromiso-medioambiental

Prólogo a la segunda edición

El texto que se acompaña es el resultado del desarrollo de unos apuntes, redactados para atender la demanda de cursos sobre la materia de la generación con autoconsumo.

No se trata de un texto teórico sobre instalaciones eléctricas de generación de los que el lector puede encontrar numerosa bibliografía, sino un texto sencillo y práctico aplicado sobre un caso concreto que es desarrollado con todo detalle.

Entrando en el contenido del texto, éste incluye todos los conceptos y cálculos necesarios para la determinación de todos los elementos de la instalación de autoconsumo colectivo, el análisis económico y la legalización.

Se destaca que el desarrollo del ejercicio pretende encontrarse con todos los problemas habituales en la redacción de un proyecto de estas características y su materialización. De forma deliberada, se repiten los razonamientos y las referencias a normativa en todos los desarrollos, con el objeto final de que el lector asimile los conceptos y cálculos, y no los olvide a las pocas horas. Este método de redacción también resulta útil posteriormente si se utiliza este texto como documento de consulta rápida.

Esta segunda edición aparte de introducir correcciones y ampliaciones, presenta como novedad la adaptación del texto a la nueva estructura de tarifa eléctricas vigente en España desde julio de 2021.

Si bien se utiliza la normativa de España, el texto puede aplicarse a otros países, sin más que adaptarse a su normativa correspondiente.

Este texto está en permanente revisión y actualización, por lo que se indica a continuación la dirección de correo electrónico, donde el lector puede remitir sus comentarios, sugerencias, errores detectados, etc., para su consideración en ediciones posteriores: edicion@editorial.upv.es.

Febrero de 2024

Salvador Cucó Pardillos
Ingeniero Superior Industrial

Índice

Material complementario

Comunicación de instalaciones de generación eléctrica, conectadas en baja tensión, destinadas a autoconsumo

https://tiny.cc/0239_07_02_Comunicacion

Contrato de compensación de excedentes para aplicación del mecanismo de compensación simplificada

https://tiny.cc/0239_07_02_Contrato

Certificado de instalación eléctrica en baja tensión. Instalación de generación eléctrica destinada a autoconsumo

https://tiny.cc/0239_07_02_Certificacion

Acuerdo de reparto de energía de autoconsumo colectivo

https://tiny.cc/0239_07_02_Acuerdo

Hojas de cálculo

https://tiny.cc/0239_07_02_Calculos

1. Introducción

El presente texto pretende desarrollar con todo detalle una instalación de generación eléctrica en autoconsumo de un caso práctico, utilizando la metodología de tarifas eléctricas (peajes) aprobadas mediante la circular 3/2020 de la CNMC que entraron en vigor en junio de 2021. Concretamente se desarrolla la instalación de paneles fotovoltaicos en un edificio de viviendas como autoconsumo colectivo de forma que todos los vecinos se convierten en generadores de energía eléctrica.

Se incluyen todos los conceptos y cálculos necesarios para la determinación de todos los elementos de la instalación de autoconsumo colectivo, el análisis económico y la legalización.

Se destaca que el desarrollo del ejercicio pretende encontrarse con todos los problemas habituales en la redacción de un proyecto de estas características y su materialización. De forma deliberada, se repiten los razonamientos y las referencias a normativa en todos los desarrollos, con el objeto final de que el lector asimile los conceptos y cálculos, y no los olvide a las pocas horas. Este método de redacción también resulta útil posteriormente.

2. Normativa de aplicación

Circular 1/2021, de 20 de enero, de la Comisión Nacional de los Mercados y la Competencia, por la que se establece la metodología y condiciones del acceso y de la conexión a las redes de transporte y distribución de las instala*ciones de pro*ducción de energía eléctrica

Circular 3/2020, de 15 de enero, de la Comisión Nacional de los Mercados y la Competencia, por la que se establece la metodología para el cálculo de los peajes de transporte y distribución de electricidad. https://www.boe.es/diario_boe/txt.php?id=BOE-A-2020-1066

Circular 3/2021, de 17 de marzo, de la Comisión Nacional de los Mercados y la Competencia, por la que se modifica la Circular 3/2020, de 15 de enero, por la que se establece la metodología para el cálculo de los peajes de transporte y distribución de electricidad. https://www.boe.es/eli/es/cir/2021/03/17/3

Guía Profesional de Tramitación del Autoconsumo, IDAE

Guía técnica de aplicación del reglamento electrotécnico de baja tensión (no vinculante). http://www.f2i2.net/legislacionseguridadindustrial/rebt_guia.aspx

IDAE. Pliego *de Condiciones Técni*cas de Instalaciones Conectadas a Red. https://www.idae.es/uploads/documentos/documentos_5654_FV_pliego_condiciones_tecnicas_instalaciones_conectadas_a_red_C20_Julio_2011_3498eaaf.pdf

IDAE. Pliego de Condiciones Técnicas de Instalaciones de Baja Temperatura. https://www.idae.es/uploads/documentos/documentos_5654_ST_Pliego_de_Condiciones_Tecnicas_Baja_Temperatura_09_082ee24a.pdf

IEC 62548:2016 Requisitos de diseño de instalaciones fotovoltaicas

Ley 24/2013, de 26 de diciembre, del Sector Eléctrico. https://www.boe.es/buscar/pdf/2013/BOE-A-2013-13645-consolidado.pdf

Orden IET/1491/2013, de 1 de agosto, por la que se revisan los peajes de acceso de energía eléctrica para su aplicación a partir de agosto de 2013 y por la que se revisan determinadas tarifas y primas de las instalaciones del régimen especial para el segundo trimestre de 2013. https://www.boe.es/diario_boe/txt.php?id=BOE-A-2013-8561

Orden TED/1484/2021, de 28 de diciembre, por la que se establecen los precios de los cargos del sistema eléctrico de aplicación a partir del 1 de enero de 2022 y se establecen diversos costes regulados del sistema eléctrico para el ejercicio 2022. https://www.boe.es/diario_boe/txt.php?id=BOE-A-2021-21794

Real Decreto-ley 18/2022, de 18 de octubre, por el que se aprueban medidas de refuerzo de la protección de los consumidores de energía y de contribución a la reducción del consumo de gas natural en aplicación del «Plan + seguridad para tu energía (+SE)», así como medidas en materia de retribuciones del personal al servicio del sector público y de protección de las personas trabajadoras agrarias eventuales afectadas por la sequía. Modifica el RD244/2019 de autoconsumo. https://www.boe.es/buscar/act.php?id=BOE-A-2022-17040

Real Decreto-ley 20/2022, de 27 de diciembre, de medidas de respuesta a las consecuencias económicas y sociales de la Guerra de Ucrania y de apoyo a la reconstrucción de la isla de La Palma y a otras situaciones de vulnerabilidad. Modifica el RD244/2019 de autoconsumo. https://www.boe.es/buscar/pdf/2022/BOE-A-2022-22685-consolidado.pdf

Real Decreto 1110/2007, por el que se aprueba el Reglamento Unificado de Puntos de Medida del sistema eléctrico. https://www.boe.es/buscar/pdf/2007/BOE-A-2007-16478-consolidado.pdf

Real Decreto 148/2021, de 9 de marzo, por el que se establece la metodología de cálculo de los cargos del sistema eléctrico. https://www.boe.es/buscar/doc.php?id=BOE-A-2021-4239

Real Decreto 15/2018, de 5 de octubre, de medidas urgentes para la transición energética y la protección de los consumidores. https://www.boe.es/buscar/pdf/2018/BOE-A-2018-13593-consolidado.pdf

Real Decreto 1699/2011, de 18 de noviembre, por el que se regula la conexión a red de instalaciones de producción de energía eléctrica de pequeña potencia. https://www.boe.es/buscar/pdf/2011/BOE-A-2011-19242-consolidado.pdf

Real Decreto 1955/2000, de 1 de diciembre, por el que se regulan las actividades de transporte, distribución, comercialización, suministro y procedimientos de autorización de instalaciones de energía eléctrica. https://www.boe.es/buscar/pdf/2000/BOE-A-2000-24019-consolidado.pdf

Real Decreto 244/2019, de 5 de abril, por el que se regulan las condiciones administrativas, técnicas y económicas del autoconsumo de energía eléctrica. https://www.boe.es/boe/dias/2019/04/06/pdfs/BOE-A-2019-5089.pdf

Real Decreto 450/2022, de 14 de junio, por el que se modifica el Código Técnico de la Edificación, aprobado por el Real Decreto 314/2006, de 17 de marzo. https://www.boe.es/diario_boe/txt.php?id=BOE-A-2022-9848

Real Decreto 450/2022, de 14 de junio, por el que se modifica el Código Técnico de la Edificación, que modifica el Real Decreto 1053/1014. https://www.boe.es/eli/es/rd/2022/06/14/450

Real Decreto 647/2020, de 7 de julio, por el que se regulan aspectos necesarios para la implementación de los códigos de red de conexión de determinadas instalaciones eléctricas. https://www.boe.es/eli/es/rd/2020/07/07/647

Real Decreto 842/2002, de 2 de agosto, por el que se aprueba el Reglamento electrotécnico para baja tensión. https://www.boe.es/eli/es/rd/2002/08/02/842

Real Decreto 900/2015, de 9 de octubre, por el que se regulan las condiciones administrativas, técnicas y económicas de las modalidades de suministro de energía eléctrica con autoconsumo y de producción con autoconsumo. Parcialmente derogado. https://www.boe.es/buscar/pdf/2015/BOE-A-2015-10927-consolidado.pdf

Resolución de 16 de diciembre de 2021, de la Comisión Nacional de los Mercados y la Competencia, por la que se establecen los valores de los peajes de acceso a las redes de transporte y distribución de electricidad de aplicación a partir del 1 de enero de 2022. https://www.boe.es/boe/dias/2021/12/22/pdfs/BOE-A-2021-21208.pdf

Resolución de 20 de mayo de 2021, de la Comisión Nacional de los Mercados y la Competencia, por la que se establecen las especificaciones de detalle para la determinación de la capacidad de acceso de generación a la red de transporte y a las redes de distribución

Resolución de 23 de diciembre de 2021, de la Dirección General de Política Energética y Minas, por la que se aprueba el perfil de consumo y el método de cálculo a efectos de liquidación de energía, aplicables para aquellos puntos de medida Tipo 4 y Tipo 5 de consumidores que no dispongan de registro horario de consumo, según el Real Decreto 1110/2007, de 24 de agosto, por el que se aprueba el Reglamento Unificado de Puntos de Medida del Sistema Eléctrico, para el año 2022. https://www.boe.es/boe/dias/2021/12/27/pdfs/BOE-A-2021-21395.pdf

UNE-EN 60269-6:2012 Fusibles de baja tensión. Parte 6: Requisitos suplementarios para los cartuchos fusibles utilizados para la protección de sistemas de energía solar fotovoltaica

UNE 20460-7-712 Instalaciones eléctricas en edificios. Parte 7-712: Reglas para las instalaciones y emplazamientos especiales. Sistemas de alimentación solar fotovoltaica (PV)

3. Código técnico de la edificación

Real Decreto 450/2022, de 14 de junio, por el que se modifica el Código Técnico de la Edificación, añade una exigencia de generación eléctrica con fuentes renovables.

Así en el Apartado 3 del DB-HE-5, se establece una potencia a instalar mínima P_{min} como la menor de las resultantes de estas dos expresiones:

$$P_1 = F_{pr;el} \times S$$
$$P_2 = 0,1 \times (0,5 \times Sc - Soc)$$

donde,

P_{min} potencia a instalar en kW

$F_{pr;el}$ factor de producción eléctrica, que toma valor de 0,005 para uso residencial privado y 0,010 para el resto de usos en kW/m²

S superficie construida del edificio en m²

S_c superficie de cubierta no transitable o accesible únicamente para conservación en m²

S_{oc} superficie de cubierta no transitable o accesible únicamente para conservación ocupada por captadores solares térmicos en m²

4. Descripción del edificio

Se trata de un edificio en altura con planta baja con locales comerciales, planta sótano para aparcamiento de vehículos y 11 plantas en altura para viviendas.

El edificio está ubicado en Valencia y es de planta cuadrada de 20 m × 20 m.

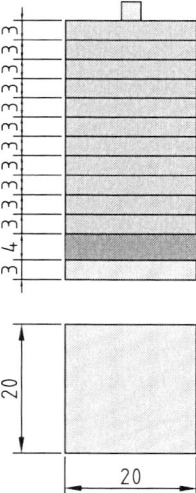

Figura 1. Perfil edificio

5. Análisis del consumo

En este apartado se analiza la factura anual del edificio de viviendas como agrupación o suma de los consumos de las viviendas, la comunidad, el aparcamiento y los locales comerciales, mediante el estudio de las facturas correspondientes a un año completo.

Se ha considerado un edificio en altura con 11 plantas, tres viviendas por planta, total 33 vecinos, aparcamiento subterráneo y dos locales comerciales. En todos los casos se ha tomado la tarifa 2.0 TD, de baja tensión hasta 15 kW, según la definición del Artículo 6 de la Circular 3/2020 de la CNMC, con dos periodos de potencia contratada y tres periodos para la energía consumida, acogida a precios PVPC, por ser muy habitual en el sector residencial.

Para cada vecino se ha considerado una tarifa 2.0TD con un consumo anual de 4.000 kWh con una potencia contratada de 5 kW en los dos periodos y precios PVPC.

Para la comunidad se ha tomado el consumo real de una comunidad equivalente (33 vecinos y dos locales), también con tarifa 2.0TD y una potencia contratada de 9,9 kW en los dos periodos con precios PVPC.

Para los locales comerciales se ha considerado también una tarifa 2.0TD con un consumo mensual de 500 kWh, que suma 6.000 kWh al año y una potencia contratada de 5 kW en los dos periodos.

5.1. Consumo viviendas

Para la obtención de la factura de cada vivienda se ha optado por analizar el consumo promedio de una vivienda acogida a precios PVPC, para lo cual se accede a la información del perfil de consumo promedio en PVPC que publica REE a través del enlace https://www.ree.es/es/actividades/operacion-del-sistema-electrico/medidas-electricas, entrando en "*gestión de tus medidas eléctricas; consulta los perfiles de consumo*", de donde se puede descargar el perfil de consumo para cada día del año, con el consumo horario para la potencia total PVPC.

Tabla 1. Perfil demanda 2022. Fuente: REE

Mes	Día	Hora	Perfil Inicial 2022			Demanda de Referencia 2022 (MW)
			P2.0TD,0m,d,h	P3.0TD,0m,d,h	P3.0TDVE,0m,d,h	
1	1	1	0,000135829136	0,000087585352	0,000051169015	25.378
1	1	2	0,000115379791	0,000082242531	0,000047522262	23.606
1	1	3	0,000099528226	0,000079966747	0,000040217193	22.327
1	1	4	0,000089346896	0,000078693662	0,000038859777	21.563
1	1	5	0,000084252288	0,000078215297	0,000025625554	21.260
1	1	6	0,000083541654	0,000079098443	0,000030167230	21.344
1	1	7	0,000085542560	0,000081627965	0,000021998456	21.832
1	1	8	0,000090712139	0,000084413704	0,000015885462	22.542
1	1	9	0,000100240504	0,000080205373	0,000025869519	23.564
1	1	10	0,000123882347	0,000080794520	0,000035053464	25.510
1	1	11	0,000148582456	0,000086155427	0,000049322514	27.325
1	1	12	0,000159552180	0,000090272299	0,000094837558	28.062

Estos datos también se pueden consultar en la Resolución de 23 de diciembre de 2021, de la DGPEM, Anexo III, con los valores de referencia para 2022.

De este fichero se toma la columna P2.0TD,0m,d,h que se corresponde con la tarifa 2.0TD que se ha tomado para el edificio en estudio. Multiplicando los valores de esta columna por los valores de la columna de la demanda de referencia, se obtiene el consumo en MWh acumulado para cada hora de cada día del año.

Tabla 2. Perfil demanda y consumo 2022. Fuente: REE, elaboración propia

Mes	Día	Hora	Perfil Inicial 2022			Demanda de Referencia 2022 (MW)	Consumo de Referencia 2022 (MWh)
			P2.0TD,0m,d,h	P3.0TD,0m,d,h	P3.0TDVE,0m,d,h		
1	1	1	0,000135829136	0,000087585352	0,000051169015	25.378	3,4471154
1	1	2	0,000115379791	0,000082242531	0,000047522262	23.606	2,7236963
1	1	3	0,000099528226	0,000079966742	0,000040217193	22.327	2,2221708
1	1	4	0,000089346896	0,000078693662	0,000038859777	21.563	1,9265652
1	1	5	0,000084252288	0,000078215297	0,000025625554	21.260	1,7911842
1	1	6	0,000083541654	0,000079098443	0,000030167230	21.344	1,7833393
1	1	7	0,000085542560	0,000081627965	0,000021998456	21.832	1,8675949
1	1	8	0,0000890712139	0,000084413704	0,000015885462	22.542	2,0448757
1	1	9	0,000100240504	0,000080205373	0,000025869519	23.564	2,3620336
1	1	10	0,000123882347	0,000080794520	0,000035053464	25.510	3,1601844
1	1	11	0,000148582456	0,000086155427	0,000049322514	27.325	4,0600887
1	1	12	0,000159552180	0,000090272299	0,000094837558	28.062	4,4774025

Sumando para cada mes se puede obtener el consumo mensual del conjunto de consumidores acogido a PVPC y el porcentaje de cada mes sobre el consumo anual.

Tabla 3. Consumo mensual PVPC. Fuente: REE, elaboración propia

Sistema eléctrico		
Mes	Consumo (MWh)	%
Enero	3.276,23	11,09
Febrero	2.697,90	9,13
Marzo	2.578,05	8,73
Abril	2.124,28	7,19
Mayo	1.941,53	6,57
Junio	2.032,32	6,88
Julio	2.632,49	8,91
Agosto	2.587,18	8,76
Septiembre	2.136,18	7,23
Octubre	2.018,36	6,83
Noviembre	2.557,11	8,66
Diciembre	2.956,09	10,01
Suma	29.537,73	100,00

Aplicando estos porcentajes al consumo de cada vivienda, estimado en 4.000 kWh, se obtiene el consumo mensual necesario para construir la factura de cada vivienda.

Tabla 4. Consumo mensual vivienda PVPV. Fuente: REE, elaboración propia

Vivienda promedio kWh/año	
Mes	**Consumo (kWh)**
Enero	443,67
Febrero	365,35
Marzo	349,12
Abril	287,67
Mayo	262,92
Junio	275,22
Julio	356,49
Agosto	350,36
Septiembre	289,28
Octubre	273,33
Noviembre	346,28
Diciembre	400,31
Suma	**4.000,00**

El Artículo 7, Apartado c, Punto 3 de la Circular 3/2020 de la CNMC, indica los periodos horarios de aplicación al término de energía de la tarifa 2.0TD, que son los siguientes:

Periodo P1, punta: 10-14 y 18-22 h

Periodo P2, llano: 8-10; 14-18 y 22-24 h

Periodo P3, valle: 0-8 h

Se consideran como horas del periodo 3 (valle) todas las horas de los sábados, domingos, el 6 de enero y los días festivos de ámbito nacional.

El Artículo 7, Apartado c, Punto 4, indica los periodos horarios de aplicación al término de potencia de la tarifa 2.0TD, que son los siguientes:

Periodo punta (P1+P2): 8-14 y 14-24 h

Periodo valle (P3): 0-8 h

Ahora se ha de determinar la cantidad de energía que corresponde a cada periodo para cada mes, con objeto de obtener una estimación de la factura eléctrica.

Para ello se parte de los datos del perfil de consumo donde se puede obtener el consumo de cada hora del año. Se toman los valores para cada mes y se suman los consumos para los tres periodos, con lo que se puede obtener el peso de consumo de cada uno de los tres periodos. El resultado para el mes de enero se muestra en la Tabla 5.

Tabla 5. Consumo en kWh mes de enero por periodos con pesos. Fuente: REE, elaboración propia

Consumo horario en kWh agregado mes enero					
Hora	MWh	%	Pesos (%)		
			P1	P2	P3
0-1	105,8209250	3,23	44,39	36,68	18,96
1-2	80,9150299	2,47			
2-3	67,4002328	2,06			
3-4	60,8145992	1,86			
4-5	58,8653881	1,8			
5-6	62,8035455	1,92			
6-7	77,2010474	2,36			
7-8	106,6867269	3,26			
8-9	128,4419337	3,92			
9-10	145,0849669	4,43			
10-11	161,6924399	4,94			
11-12	163,5350186	4,99			
12-13	160,1142256	4,89			
13-14	165,4030705	5,05			
14-15	161,7230325	4,94			
15-16	148,9434571	4,55			
16-17	141,6987662	4,33			
17-18	146,9265230	4,48			
18-19	174,1246361	5,31			
19-20	200,0785752	6,11			
20-21	215,9231551	6,59			
21-22	213,2410390	6,51			
22-23	185,5291105	5,66			
23-24	143,2646310	4,37			
Suma	3276,232076	100,03			

Para los fines de semana, sábados y domingos, se estima 8/30 veces el consumo del mes, que se corresponde con el periodo P3 (valle) al que se sumará el consumo en ese periodo P3 del resto de días del mes aplicando los porcentajes anteriores.

Por ejemplo, para el mes de enero los cálculos se han realizado de la siguiente forma:

Consumo fin de semana P3 = 8/30 × 443,67 = 118,31 kWh

Consumo P1 = (443,67-118.31) × 44,39/100 = 144,43 kWh

Consumo P2 = (443,67-118.31) × 36,68/100 = 119,34 kWh

Consumo P3 = (443,67-144,43-119,34) = 179,90 kWh

Y para todos los meses del año, procediendo de la misma forma (Tabla 6).

Tabla 6. Consumo mensual vivienda PVPC por periodos. Fuente: REE, elaboración propia

Vivienda promedio kWh/año				
Mes	**Consumo (kWh)**	**P1 (kWh)**	**P2 (kWh)**	**P3 (kWh)**
Enero	443,67	144,43	119,34	179,90
Febrero	365,35	117,27	97,82	150,26
Marzo	349,12	111,37	93,73	144,02
Abril	287,67	89,34	78,92	119,41
Mayo	262,92	79,75	72,59	110,58
Junio	275,22	82,47	77,00	115,76
Julio	356,49	106,30	100,94	149,26
Agosto	350,36	104,39	98,40	147,56
Septiembre	289,28	89,31	78,85	121,12
Octubre	273,33	86,87	73,12	113,34
Noviembre	346,28	112,67	92,64	140,97
Diciembre	400,31	129,58	108,00	162,73
Suma	**4.000,00**	**1.253,74**	**1.091,35**	**1.654,91**

Los peajes, cargos y precios PVPC considerados, para la tarifa 2.0TD, son los siguientes, con indicación de la fuente de información que los determina:

- Térmico de potencia peaje acceso transporte y distribución TD: Resolución 16.12.2021 CNMC.

  Acceso punta   22,988256 €/kW y año
  Acceso valle   0,938890 €/kW y año

- Término de energía peaje acceso transporte y distribución TD: Resolución 16.12.2021 CNMC.

  Acceso P1   0,027787 €/kWh
  Acceso P2   0,019146 €/kWh
  Acceso P3   0,000703 €/kWh

- Coste de comercialización fijo, CCF

  CCF   3,113 €/kW y año (Orden Orden TED/1484/2021 y ETU1948/2016)

- Precios de mercado: (Tarifa 2.0TD, 2022, aplicación Lumios de REE y corrección largo plazo).

Los precios actuales en el mercado están alterados por la situación mundial actual, por lo que se pueden tomar los siguientes, más ajustados a un comportamiento estable a largo plazo y basados en los precios de mercado en 2019 que marcaba un precio para una tarifa 2.0A de 0,067519 €/kWh para un periodo comprendido entre el 01/01/2019 y 31/12/2019. Se podrían considerar los siguientes precios a largo plazo.

Mercado P1   0,070000 €/kWh
Mercado P2   0,065000 €/kWh
Mercado P3   0,060600 €/kWh

Por simplicidad, en este texto se ha tomado el precio de la tarifa 2.0A de 0,067519 €/kWh.

Impuesto de electricidad: 0,051127 %, sobre la suma de los importes de los términos de potencia y energía (Ley 66/1997).

Alquiler de equipos de medida y control: 0,026557 €/día (Orden IET/1491/2013, de 1 de agosto).

El precio de la energía en PVPC es diferente para cada hora del día y está en función del precio del mercado eléctrico, por lo que para realizar una estimación del precio medio de un año se ha accedido a la aplicación Lumios que facilita REE en su página web y se solicita una factura para un periodo amplio. Como todavía no lleva un año el nuevo sistema tarifario se toma desde el 1 de junio de 2021 hasta el 31 de mayo de 2022, para un consumo previsto de 4.000 kWh, repartidos según 1.200 kWh en P1 (punta), 1800 kWh en P2 (llano) y 1.000 kWh en P3 (valle), con lo que se obtiene el valor del precio medio de la energía. https://www.esios.ree.es/es/lumios?rate=rate1&start_date=25-01-2021T08:05&end_date=26-01-2021T08:05.

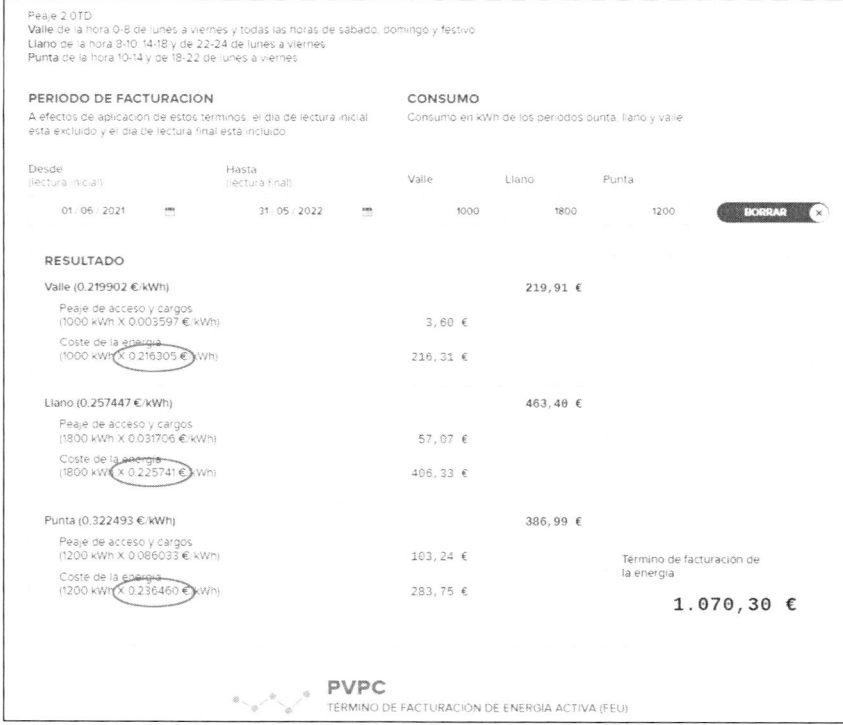

Figura 2. Precio medio PVPC. Fuente: REE, Lumios

Para el periodo entre el 01/01/2019 y 31/12/2019, tarifa 2.0A (vigente entonces), el precio de mercado resultante se muestra en la Figura 3.

Figura 3. Precio medio PVPC 2019. Fuente: REE, Lumios

Con esto ya se puede construir factura estimada antes de la instalación. Así para el mes de enero en cada vivienda con una potencia contratada de 5 kW en los dos periodos y un consumo de 443,67 kWh, resulta:

Tabla 7. Factura enero vivienda estimada antes de instalación

UNA VIVIENDA FACTURA ANTES ENERO PVPC TARIFA 2,0TD				
Dias	31/12/2021	31/01/2022	31	
Término de potencia P1		A facturar	Precio (€/kW,a)	Total €
Punta		5	26,101256	11,05
Valle		5	4,051890	1,72
Término de energía		A facturar	Precio (€/kWh)	
P1 (punta)		144,43	0,095306	13,76
P2 (llano)		119,34	0,086665	10,34
P3 (valle)		179,90	0,068222	12,27
	Suma	443,67		
Término de energía reactiva				
Energía reactiva		0,00	0	0
Impuesto de electricidad		49,14	0,051127	2,51
Alquiler equipos medida y control		31	0,026557	0,82
			Base imponible	52,47
			IVA 21%	11,02
			Total factura	63,49

Las facturas del resto de meses pueden consultarse en las hojas Excel accesibles desde el enlace señalado junto al índice.

5.2. Consumo comunidad

Para la determinación del consumo de la comunidad de vecinos del edificio se ha optado por tomar el consumo real de facturas de un edificio existente, con una distribución horaria del 45% en P1, otro 45% en P2 y un 10% en P3, con los siguientes datos:

Tabla 8. Consumo comunidad

Consumo comunidad				
Mes	Consumo (kWh)	P1 (kWh)	P2 (kWh)	P3 (kWh)	Fuente
Enero	1.015,00	456,75	456,75	101,50	2.018,00
Febrero	755,00	339,75	339,75	75,50	2.018,00
Marzo	755,00	339,75	339,75	75,50	2.018,00
Abril	798,00	359,10	359,10	79,80	2.018,00
Mayo	797,00	358,65	358,65	79,70	2.018,00
Junio	703,00	316,35	316,35	70,30	2.018,00
Julio	693,00	311,85	311,85	69,30	2.018,00
Agosto	676,00	304,20	304,20	67,60	2.018,00
Septiembre	665,00	299,25	299,25	66,50	2.018,00
Octubre	780,00	351,00	351,00	78,00	2.018,00
Noviembre	811,00	364,95	364,95	81,10	2.018,00
Diciembre	731,00	328,95	328,95	73,10	2.018,00
Suma	9.179,00	4.130,55	4.130,55	917,90	

Se ha considerado una potencia de 9,9 kW para los dos periodos.

5.3. Consumo locales

Para los locales comerciales se ha considerado un consumo mensual de 500 kWh al mes, 6.000 kWh al año, con una potencia contratada de 5 kW en los dos periodos, con una distribución horaria del 45% en P1, otro 45% en P2 y un 10% en P3, con los siguientes datos:

Tabla 9. Consumo local

Consumo local				
Mes	Consumo (kWh)	P1 (kWh)	P2 (kWh)	P3 (kWh)
Enero	500,00	225,00	225,00	50,00
Febrero	500,00	225,00	225,00	50,00
Marzo	500,00	225,00	225,00	50,00
Abril	500,00	225,00	225,00	50,00
Mayo	500,00	225,00	225,00	50,00
Junio	500,00	225,00	225,00	50,00
Julio	500,00	225,00	225,00	50,00
Agosto	500,00	225,00	225,00	50,00
Septiembre	500,00	225,00	225,00	50,00
Octubre	500,00	225,00	225,00	50,00
Noviembre	500,00	225,00	225,00	50,00
Diciembre	500,00	225,00	225,00	50,00
Suma	6.000,00	2.700,00	2.700,00	600,00

5.4. Consumo aparcamiento

Para el aparcamiento se ha considerado un consumo mensual de 100 kWh al mes, 1.200 kWh al año, con una potencia contratada de 5 kW en los dos periodos, con una distribución horaria del 45% en P1, otro 45% en P2 y un 10% en P3, con los siguientes datos:

Tabla 10. Consumo aparcamiento

Consumo aparcamiento			
Mes	**Consumo (kWh)**	**P1 (kWh)**	**P2 (kWh)**	**P3 (kWh)**
Enero	100,00	45,00	45,00	10,00
Febrero	100,00	45,00	45,00	10,00
Marzo	100,00	45,00	45,00	10,00
Abril	100,00	45,00	45,00	10,00
Mayo	100,00	45,00	45,00	10,00
Junio	100,00	45,00	45,00	10,00
Julio	100,00	45,00	45,00	10,00
Agosto	100,00	45,00	45,00	10,00
Septiembre	100,00	45,00	45,00	10,00
Octubre	100,00	45,00	45,00	10,00
Noviembre	100,00	45,00	45,00	10,00
Diciembre	100,00	45,00	45,00	10,00
Suma	**1.200,00**	**540,00**	**540,00**	**120,00**

5.5. Consumo edificio

Con los datos de consumo se pueden construir las facturas de viviendas, comunidad, locales y aparcamiento. Como se ha optado en todos los casos por la tarifa 2.0TD, se pueden construir las facturas estimadas de cada mes.

Así, para el mes de enero para el edificio resulta:

Tabla 11. Factura enero edificio antes de la instalación

EDIFICIO FACTURA ANTES ENERO PVPC TARIFA 2,0TD				
Dias		31/12/2021	31/01/2022	31,00	
Término de potencia P1			A facturar	Precio (€/kW,a)	Total €
	Punta		189,90	26,10	419,82
	Valle		189,90	4,05	65,17
Término de energía			A facturar	Precio (€/kWh)	
	P1 (punta)		5.717,82	0,095306	544,94
	P2 (llano)		4.890,01	0,086665	423,79
	P3 (valle)		6.148,27	0,068222	419,45
		Suma	16.756,11		
Término de energía reactiva					
	Energía reactiva		0,00	0,00	0,00
Impuesto de electricidad			1.873,17	0,05	95,77
Alquiler equipos medida y control			31,00	0,98	30,46
				Base imponible	1.999,40
				IVA 21%	419,87
				Total factura	**2.419,27**

6. Margen de reducción de la factura

El resumen anual se puede observar en la siguiente tabla.

Tabla 12. Facturación estimada anual del edificio antes de la instalación

	Factura edificio antes de la instalación					
	CONSUMO (kWh)					
MES factura	Desde	Hasta	P1	P2	P3	Suma
Enero	31/12/2021	31/01/2022	5.717,82	4.890,01	6.148,27	16.756,11
Febrero	31/01/2022	28/02/2022	4.704,66	4.062,77	5.144,12	13.911,55
Marzo	28/02/2022	31/03/2022	4.564,94	3.927,82	4.973,20	13.465,96
Abril	31/03/2022	30/04/2022	3.802,34	3.458,44	4.130,33	11.391,11
Mayo	30/04/2022	31/05/2022	3.485,25	3.249,19	3.838,92	10.573,36
Junio	31/05/2022	30/06/2022	3.532,76	3.352,26	4.000,24	10.885,26
Julio	30/06/2022	31/07/2022	4.314,61	4.137,76	5.104,80	13.557,17
Agosto	31/07/2022	31/08/2022	4.244,10	4.046,55	5.047,23	13.337,88
Septiembre	31/08/2022	30/09/2022	3.741,49	3.396,36	4.173,38	11.311,24
Octubre	30/09/2022	31/10/2022	3.712,76	3.259,00	3.928,13	10.899,89
Noviembre	31/10/2022	30/11/2022	4.578,15	3.916,97	4.843,13	13.338,24
Diciembre	30/11/2022	31/12/2022	5.100,01	4.387,98	5.553,23	15.041,23
Sumas			51.498,89	46.085,12	56.884,99	154.469,00

	GASTO (€)				
MES factura	Potencia	Energía	Otros	Base	IVA	Total
Enero	484,99	1388,18	126,23	1999,40	419,87	2.419,27
Febrero	438,07	1151,42	108,78	1698,27	356,64	2.054,91
Marzo	484,99	1114,75	112,25	1711,99	359,52	2.071,51
Abril	469,35	943,90	101,74	1514,99	318,15	1.833,14
Mayo	484,99	875,66	100,03	1460,68	306,74	1.767,42
Junio	469,35	900,11	99,50	1468,96	308,48	1.777,44
Julio	484,99	1118,07	112,42	1715,48	360,25	2.075,73
Agosto	484,99	1099,51	111,47	1695,97	356,15	2.052,12
Septiembre	469,35	935,66	101,31	1506,32	316,33	1.822,65
Octubre	484,99	904,27	101,49	1490,75	313,06	1.803,81
Noviembre	469,35	1106,19	110,03	1685,57	353,97	2.039,54
Diciembre	484,99	1245,19	118,92	1849,10	388,31	2.237,41
Sumas	5.710,40	12.782,91	1.304,17	19.797,48	4157,47	23.954,95

De esta tabla se puede extraer el importe económico que puede ser reducido como consecuencia de la instalación solar fotovoltaica en autoconsumo colectivo, que reducirá la facturación del término de energía.

$$\text{Margen reducción factura anual} = 12.782{,}91 \times 1.21 = 15.467.32 \ €$$

En este importe, no se ha considerado la partida de otros gastos por su escasa relevancia y por tratarse de una estimación de la reducción máxima de la factura.

El término de potencia no se ve alterado puesto que la potencia a contratar debe ser la misma, independientemente de que se disponga de instalación de generación (salvo que ésta ofrezca garantía de servicio, algo que no garantiza una instalación fotovoltaica).

Este margen económico se corresponde con el margen a reducir de consumo de energía de la red:

Margen reducción energía anual = 154.469 kWh

7. Curva de carga, perfil de consumo

Para dimensionar la instalación de generación fotovoltaica, es necesario conocer la curva de carga o perfil de consumo horario.

Este perfil es facilitado para cada suministro por la empresa distribuidora mediante la introducción del CUPS del abonado en su aplicación. (Iberdrola: https://www. iberdroladistribucionelectrica.com/consumidores/inicio.html#informacion-del-contrato).

Como en ese caso se ha optado por unos consumos acogidos a PVPC, este perfil de consumo del edificio se debe obtener a partir del consumo horario promedio que facilita REE, utilizado para obtener el consumo y la facturación, ver Tabla 1. Perfil consumo 2022.

Así, para el mes de enero se puede obtener para cada hora sumando los valores de energía, el consumo global del mercado PVPC, y el peso del consumo de cada hora respecto al total mensual, tal y como se refleja en la Tabla 13.

Tabla 13. Consumo horario enero PVPC. Fuente: REE, elaboración propia

Hora	MWh	%
0-1	105,8209250	3,23
1-2	80,9150299	2,47
2-3	67,4002328	2,06
3-4	60,8145992	1,86
4-5	58,8653881	1,8
5-6	62,8035455	1,92
6-7	77,2010474	2,36
7-8	106,6867269	3,26
8-9	128,4419337	3,92
9-10	145,0849669	4,43
10-11	161,6924399	4,94
11-12	163,5350186	4,99
12-13	160,1142256	4,89
13-14	165,4030705	5,05
14-15	161,7230325	4,94
15-16	148,9434571	4,55
16-17	141,6987662	4,33
17-18	146,9265230	4,48
18-19	174,1246361	5,31
19-20	200,0785752	6,11
20-21	215,9231551	6,59
21-22	213,2410390	6,51
22-23	185,5291105	5,66
23-24	143,2646310	4,37
Suma	3276,232076	100,03

Multiplicando los porcentajes de la tabla anterior por el consumo de energía de un día medio del mes de enero de cada vivienda, $(443,67/31 = 14,31$ kWh), se puede obtener el consuno horario de cada vivienda, es decir, el perfil de consumo de una vivienda acogida a PVPC.

Tabla 14. Perfil consumo vivienda PVPC. Fuente: REE, elaboración propia

Hora	kWh
0-1	0,46
1-2	0,35
2-3	0,29
3-4	0,27
4-5	0,26
5-6	0,27
6-7	0,34
7-8	0,47
8-9	0,56
9-10	0,63
10-11	0,71
11-12	0,71
12-13	0,7
13-14	0,72
14-15	0,71
15-16	0,65
16-17	0,62
17-18	0,64
18-19	0,76
19-20	0,87
20-21	0,94
21-22	0,93
22-23	0,81
23-24	0,63
Suma	14,30

Y en forma gráfica:

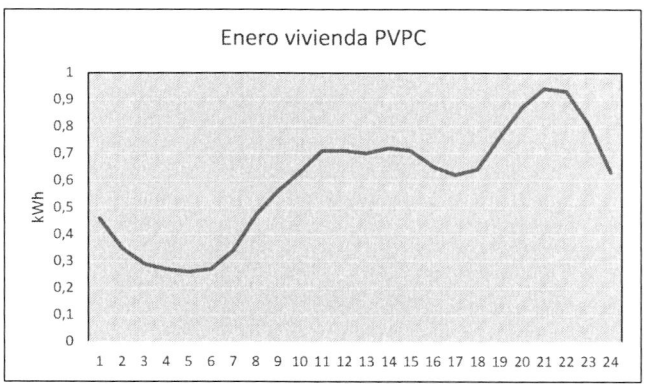

Figura 4. Perfil consumo vivienda PVPC

Si aplicamos estos porcentajes sobre el consumo total del edificio (16.756,11/31 = 540,31 kWh), despreciando la escasa variación que pueda suponer que el perfil de consumo de la comunidad, los locales y aparcamiento sean diferentes, se obtiene el perfil de consumo total del edificio para cada mes y dividiendo por el número de días de cada mes el perfil de consumo horario de un día medio del mes.

Así, para el mes de enero se tiene:

Tabla 15. Perfil consumo edificio enero. Fuente: REE, elaboración propia

Hora	kWh
0-1	17,46
1-2	13,35
2-3	11,13
3-4	10,05
4-5	9,73
5-6	10,38
6-7	12,76
7-8	17,62
8-9	21,19
9-10	23,95
10-11	26,70
11-12	26,97
12-13	26,43
13-14	27,30
14-15	26,70
15-16	24,59
16-17	23,40
17-18	24,22
18-19	28,70
19-20	33,03
20-21	35,62
21-22	35,19
22-23	30,59
23-24	23,62
Suma	540,68

Y en forma gráfica:

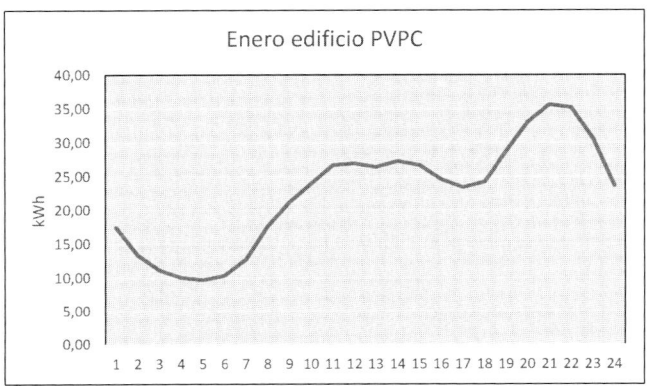

Figura 5. Perfil consumo edificio enero. Fuente: REE, elaboración propia

8. Potencia de la instalación

Si bien se puede estudiar una instalación de cualquier potencia, se elige una instalación que maximice la superficie de cubierta.

El edificio de estudio es de planta cuadrada de 20 m de lado, lo que implica una superficie de cubierta de 400 m². Considerando que se puede utilizar toda la superficie y un ratio de 10 m² por cada kWp de panel fotovoltaico, se estima una potencia total de:

$$\text{Potencia} = \frac{400}{10}\ 40\ \text{kWp}$$

En el apartado posterior de dimensionamiento y selección de equipos se determina la potencia exacta de la instalación.

9. Modalidad de autoconsumo

El Real Decreto 244/2019, permite dos modalidades de autoconsumo, sin excedentes y con excedentes. Dentro de las instalaciones con excedentes la instalación puede, si cumple determinadas condiciones, acogerse a compensación.

En este caso se opta por una instalación con excedentes acogida a compensación por considerarse la mejor opción para la comunidad de vecinos.

10. Análisis del recurso solar

Para maximizar la producción anual, el CTE sección HE5, en el Apartado 2.2, Punto 6, en su versión inicial (no aparece este criterio en la versión actual), consideraba como orientación óptima el sur y la inclinación óptima la latitud del lugar menos 10°.

La ubicación de la instalación deportiva es Paterna, Valencia, con una latitud de 39,5°, por tanto, la inclinación óptima de los módulos solares es de 39,5-10=29,5°.

También se puede utilizar la expresión del ángulo de inclinación óptimo siguiente:

$$\beta_{op} = 3,7 + (0,69 \times \lambda)$$

que sustituyendo valores resulta:

$$\beta_{op} = 3,7 + (0,69 \times 39,5) = 30,96°$$

Es importante indicar que dado que se trata de una instalación de autoconsumo la mejor elección de orientación es aquella que hace que la curva horaria de generación coincida con la curva horaria de consumo, por lo que no siempre la orientación sur será la mejor elección. En este trabajo se ha optado por la orientación sur siguiendo el criterio de maximizar la generación.

Se toma una inclinación de 30°. En un principio, a la espera de un estudio más detallado posterior, se considera que no hay ningún inconveniente para la instalación solar con esta inclinación.

El paso siguiente es calcular la irradiación anual E_A (energía anual por m²), para lo cual se empieza leyendo del Pliego de Condiciones Técnicas de Instalaciones de Baja Temperatura del IDAE, la irradiación diaria sobre una *superficie horizontal* situada en la provincia de Valencia, que aparece en del pliego de condiciones de IDAE.

Tabla 16. Irradiación diaria media MJ/m² y día. Fuente: Pliego IDAE

Energia en megajulios que incide sobre un metro cuadrado de superficie horizontal en un dia medio de cada mes. (Fuente: CENSOLAR).

		ENE	FEB	MAR	ABR	MAY	JUN	JUL	AGO	SEP	OCT	NOV	DIC	AÑO
1	ALAVA	4.5	6.9	11.2	13	14.8	16.6	18.1	17.3	14.3	9.5	5.5	4.1	11.3
2	ALBACETE	6.7	10.5	15	19.2	21.2	25.1	26.7	23.2	18.8	12.4	8.4	6.4	16.1
3	ALICANTE	8.5	12	16.3	18.9	23.1	24.8	25.8	22.5	18.3	13.6	9.8	7.6	16.8
4	ALMERIA	8.9	12.2	16.4	19.6	23.1	24.6	25.3	22.5	18.5	13.9	10	8	16.9
5	ASTURIAS	5.3	7.7	10.6	12.2	15	15.2	16.8	14.8	12.4	9.8	5.9	4.6	10.9
6	AVILA	6	9.1	13.5	17.7	19.4	22.3	26.3	25.3	18.8	11.2	6.9	5.2	15.1
7	BADAJOZ	6.5	10	13.6	18.7	21.8	24.6	25.9	23.8	17.9	12.3	8.2	6.2	15.8
8	BALEARES	7.2	10.7	14.4	16.2	21	22.7	24.2	20.6	16.4	12.1	8.5	6.5	15
9	BARCELONA	6.5	9.5	12.9	16.1	18.6	20.3	21.6	18.1	14.6	10.8	7.2	5.8	13.5
10	BURGOS	5.1	7.9	12.4	16	18.7	21.5	23	20.7	16.7	10.1	6.5	4.5	13.6
11	CACERES	6.8	10	14.7	19.6	22.1	25.1	28.1	25.4	19.7	12.7	8.9	6.6	16.6
12	CADIZ	8.1	11.5	15.7	18.5	22.2	23.8	25.9	23	18.1	14.2	10	7.4	16.5
13	CANTABRIA	5	7.4	11	13	16.1	17	18.4	15.5	13	9.5	5.8	4.5	11.3
14	CASTELLON	8	12.2	15.5	17.4	20.6	21.4	23.9	19.5	16.6	13.1	8.6	7.3	15.3
15	CEUTA	8.9	13.1	18.6	21	24.3	26.7	26.8	24.3	19.1	14.2	11	8.6	18.1
16	CIUDAD REAL	7	10.1	15	18.7	21.4	23.7	25.3	23.2	18.8	12.5	8.7	6.5	15.9
17	CORDOBA	7.2	10.1	15.1	18.5	21.8	25.9	28.5	25.1	19.9	12.6	8.6	6.9	16.7
18	LA CORUÑA	5.4	8	11.4	12.4	15.4	16.2	17.4	15.3	13.9	10.9	6.4	5.1	11.5
19	CUENCA	5.9	8.8	12.9	17.4	18.7	22	25.6	22.3	17.5	11.2	7.2	5.5	14.6
20	GERONA	7.1	10.5	14.2	15.9	18.7	19	22.3	18.5	14.9	11.7	7.8	6.6	13.9
21	GRANADA	7.8	10.8	15.2	18.5	21.9	24.8	26.7	23.6	18.8	12.9	9.6	7.1	16.5
22	GUADALAJARA	6.5	9.2	14	17.9	19.4	22.7	25	23.2	17.8	11.7	7.8	5.6	15.1
23	GUIPUZCOA	5.5	7.7	11.3	11.7	14.6	16.2	16.1	13.6	12.7	10.3	6.2	5	10.9
24	HUELVA	7.6	11.3	16	19.5	24.1	25.6	28.7	25.6	21.2	14.5	9.2	7.5	17.6
25	HUESCA	6.1	9.6	14.3	18.7	20.3	22.1	23.1	20.9	16.9	11.3	7.2	5.1	14.6
26	JAEN	6.7	10.1	14.4	18	20.3	24.4	26.7	24.1	19.2	11.9	8.1	6.5	15.9
27	LEON	5.8	8.7	13.8	17.2	19.5	22.1	24.2	20.9	17.2	10.4	7	4.8	14.3
28	LERIDA	6	9.9	18	18.8	20.9	22.6	23.8	21.3	16.8	12.1	7.2	4.8	15.2
29	LUGO	5.1	7.6	11.7	15.2	17.1	19.5	20.2	18.4	15	9.9	6.2	4.5	12.5
30	MADRID	6.7	10.6	13.6	18.8	20.9	23.5	26	23.1	16.9	11.4	7.5	5.9	15.4
31	MALAGA	8.3	12	15.5	18.5	23.2	24.5	26.5	23.2	19	13.6	9.3	8	16.8
32	MELILLA	9.4	12.6	17.2	20.3	23	24.8	24.8	22.6	18.3	14.2	10.9	8.7	17.2
33	MURCIA	10.1	14.8	16.6	20.4	24.2	25.6	27.7	23.5	18.6	13.9	9.8	8.1	17.8
34	NAVARRA	5	7.4	12.3	14.5	17.1	18.9	20.5	18.2	16.2	10.2	6	4.5	12.6
35	ORENSE	4.7	7.3	11.3	14	16.2	17.6	18.3	16.6	14.3	9.4	5.6	4.3	11.6
36	PALENCIA	5.3	9	13.2	17.5	19.7	21.8	24.1	21.6	17.1	10.9	6.6	4.6	14.3
37	LAS PALMAS	11.2	14.2	17.8	19.6	21.7	22.5	24.3	21.9	19.8	15.1	12.3	10.7	17.6
38	PONTEVEDRA	5.5	8.2	13	15.7	17.5	20.4	22	18.9	15.1	11.3	6.8	5.5	13.3
39	LA RIOJA	5.6	8.8	13.7	16.6	19.2	21.4	23.3	20.8	16.2	10.7	6.8	4.8	14
40	SALAMANCA	6.1	9.5	13.5	17.1	19.7	22.8	24.6	22.6	17.5	11.3	7.4	5.2	14.8
41	STA. C. DE TENERIFE	10.7	13.3	18.1	21.5	25.7	26.5	29.3	26.6	21.2	16.2	10.8	9.3	19.1
42	SEGOVIA	5.7	8.8	13.4	18.4	20.4	22.6	25.7	24.9	18.8	11.4	6.8	5.1	15.2
43	SEVILLA	7.3	10.9	14.4	19.2	22.4	24.3	24.9	23	17.9	12.3	8.8	6.9	16
44	SORIA	5.9	8.7	12.8	17.1	19.7	21.8	24.1	22.3	17.5	11.1	7.6	5.6	14.5
45	TARRAGONA	7.3	10.7	14.9	17.6	20.2	22.5	23.8	20.5	16.4	12.3	8.8	6.3	15.1
46	TERUEL	6.1	8.8	12.9	16.7	18.4	20.6	21.8	20.7	16.9	11	7.1	5.3	13.9
47	TOLEDO	6.2	9.5	14	19.3	21	24.4	27.2	24.5	18.1	11.9	7.6	5.6	15.8
48	VALENCIA	7.6	10.6	14.9	18.1	20.6	22.8	23.8	20.7	16.7	12	8.7	6.6	15.3
49	VALLADOLID	5.5	8.8	13.9	17.2	19.9	22.6	25.1	23	18.3	11.2	6.9	4.2	14.7
50	VIZCAYA	5	7.1	10.4	12.7	15.5	16.7	17.9	15.7	13.1	9.3	6	4.6	11.2
51	ZAMORA	5.4	8.9	13.2	17.3	22.2	21.6	23.5	22	17.2	11.1	6.7	4.6	14.5
52	ZARAGOZA	6.3	9.8	15.2	18.3	21.8	24.2	25.1	23.4	18.3	12.1	7.4	5.7	15.6

Estos valores de la irradiación deben ser corregidos para obtener los valores de irradiación para una *superficie inclinada*. Los valores de irradiación sobre una superficie inclinada se obtienen multiplicando los valores sobre superficie horizontal (tabla anterior) por un coeficiente corrector que depende de la inclinación de los paneles y de la latitud del emplazamiento. Este coeficiente corrector se encuentra en las tablas contenidas en el pliego del IDAE.

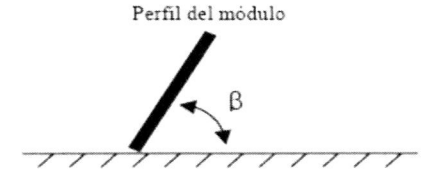

Figura 6. Inclinación captadores. Fuente: CTE-HE4

La tabla con los factores de corrección a utilizar será la correspondiente a una latitud de 39° (próxima a los 39,5° del emplazamiento), que corresponde a la ubicación determinada. Para ser más precisos se puede interpolar entre los valores para una latitud de 39° y una de 40°.

Tabla 17. Factores de corrección por inclinación. Fuente: Pliego IDAE

LATITUD = 39°

Incli.	ENE	FEB	MAR	ABR	MAY	JUN	JUL	AGO	SEP	OCT	NOV	DIC
0	1	1	1	1	1	1	1	1	1	1	1	1
5	1.07	1.06	1.04	1.03	1.02	1.01	1.02	1.03	1.05	1.07	1.09	1.08
10	1.14	1.11	1.08	1.05	1.03	1.02	1.03	1.06	1.1	1.14	1.17	1.16
15	1.19	1.16	1.11	1.07	1.03	1.02	1.03	1.07	1.13	1.2	1.24	1.23
20	1.25	1.2	1.14	1.07	1.03	1.01	1.03	1.08	1.16	1.25	1.31	1.29
25	1.29	1.23	1.15	1.07	1.02	1	1.02	1.08	1.18	1.29	1.36	1.35
30	1.33	1.25	1.16	1.07	1	0.97	1	1.08	1.19	1.33	1.41	1.4
35	1.35	1.27	1.16	1.05	0.97	0.94	0.98	1.06	1.2	1.35	1.45	1.43
40	1.37	1.27	1.15	1.03	0.94	0.91	0.94	1.04	1.19	1.37	1.48	1.46
45	1.38	1.27	1.14	1	0.9	0.87	0.9	1.01	1.18	1.37	1.5	1.48
50	1.39	1.26	1.12	0.97	0.86	0.82	0.86	0.98	1.16	1.37	1.51	1.5
55	1.38	1.25	1.09	0.93	0.81	0.77	0.81	0.94	1.13	1.36	1.51	1.5
60	1.37	1.22	1.05	0.88	0.75	0.71	0.75	0.89	1.1	1.34	1.51	1.49
65	1.35	1.19	1.01	0.83	0.69	0.65	0.69	0.83	1.05	1.31	1.49	1.47
70	1.32	1.15	0.96	0.77	0.63	0.58	0.63	0.77	1	1.27	1.46	1.45
75	1.28	1.11	0.91	0.7	0.56	0.51	0.56	0.71	0.95	1.23	1.42	1.41
80	1.23	1.06	0.84	0.64	0.49	0.43	0.48	0.64	0.88	1.17	1.37	1.37
85	1.18	1	0.78	0.56	0.41	0.35	0.41	0.56	0.81	1.11	1.32	1.32
90	1.12	0.93	0.71	0.49	0.33	0.28	0.33	0.49	0.74	1.04	1.25	1.26

Con todo lo expuesto se puede colocar en una tabla los valores mensuales de irradiación, obteniendo la irradiación anual como suma de las irradiaciones de cada mes.

Tabla 18. Cálculo irradiación anual. Fuente: elaboración propia

	Superficie horizontal		λ= 39° N β=30°	Superficie inclinada		Irradiación anual		
Irradiación solar	MJ/m² y día	kWh/m² y día	Factor corrección	MJ/m² y día	kWh/m² y día	MJ/m² y mes	kWh/m² y mes	
Enero	7,60	2,11	1,33	10,11	2,81	313,41	87,11	
Febrero	10,60	2,94	1,25	13,25	3,68	371	103,04	
Marzo	14,90	4,14	1,16	17,28	4,8	535,68	148,8	
Abril	18,10	5,03	1,07	19,37	5,38	581,1	161,4	
Mayo	20,60	5,72	1,00	20,6	5,72	638,6	177,32	
Junio	22,80	6,33	0,97	22,12	6,14	663,6	184,2	
Julio	23,80	6,61	1,00	23,8	6,61	737,8	204,91	
Agosto	20,70	5,75	1,08	22,36	6,21	693,16	192,51	
Septiembre	16,70	4,64	1,19	19,87	5,52	596,1	165,6	
Octubre	12,00	3,33	1,33	15,96	4,43	494,76	137,33	
Noviembre	8,70	2,42	1,41	12,27	3,41	368,1	102,3	
Diciembre	6,60	1,83	1,40	9,24	2,56	286,44	79,36	
Anual	15,30	4,25		206,23	57,27	6.279,75	1.743,88	E_A

Así pues, la irradiación anual resultante E_A para una instalación situada en Paterna con una inclinación de los captadores de 30° es de 6.279,75 MJ/m² y año o 1.743,88 kWh/m² y año.

11. Dimensionamiento de la instalación. Selección de equipos

Módulo fotovoltaico

Existen tres tecnologías de células fotovoltaicas, monocristalino, policristalino y amorfo. Los módulos monocristalinos son más eficientes, pero también presentan un precio elevado, los módulos amorfos son poco eficientes. Los módulos policristalinos son los más usados por su eficiencia y precio.

Para el cálculo de la instalación y la generación fotovoltaica de la misma utilizaremos paneles, modelo ATERSA A-450M de amplio uso en el sector, que presenta características que se recogen en la Figura 7.

Las características a utilizar del módulo elegido son:

Potencia máxima P_{max} =450 W

Tensión máxima potencia V_{mp} =41,50 V

Corriente de máxima potencia I_{mp} = 10,85 A

Tensión de circuito abierto V_{oc} =49,30 V

Corriente de cortocircuito I_{sc} =11,60 A

Máxima serie de fusibles 20 A, máxima corriente que soportan los módulos

Coef. de Temp. de I_{sc} (TK I_{sc})=0,049 %/°C

Coef. de Temp. de V_{oc} (TK V_{oc})=-0,271 %/°C

Coef. de Temp. de P_{max} (TK P_{max})=-0.352 %/°C

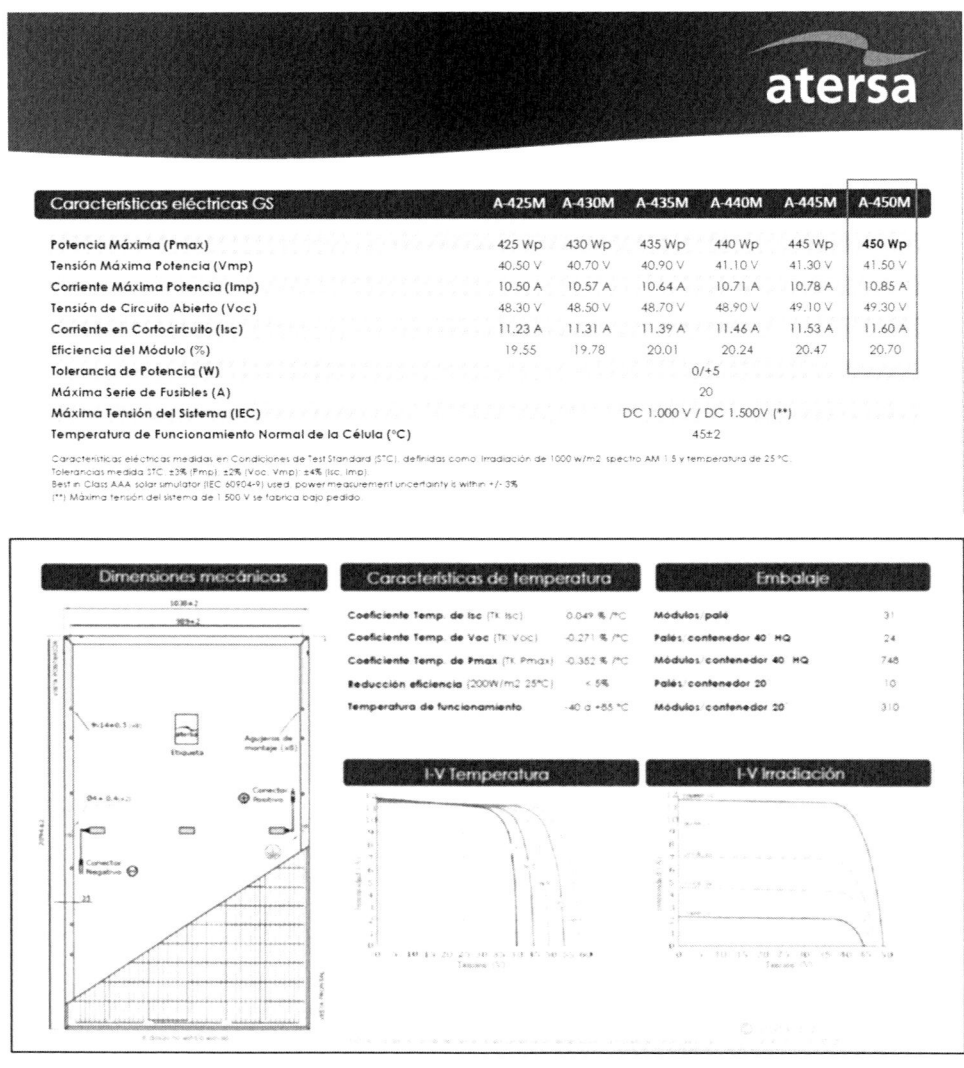

Figura 7. Módulo fotovoltaico, características

Es importante destacar que, generalmente los fabricantes facilitan los datos técnicos para unas condiciones estándar de medida (CEM o STC, Stándar Test Contitions), que son:

Irradiaciancia G_{CEM}: 1.000 W/m²

Distribución espectral: AM 1,5 G

Temperatura de célula = 25 °C

Calcularemos en primer lugar el número de paneles y la disposición serie/paralelo de los mismos. Para ello necesitamos las características del panel y del inversor a utilizar, que se extraen de los catálogos del fabricante.

Inversor

El RD 1699/2011 (Artículo 12), exige realizar una instalación trifásica cuando la potencia es mayor de 15 kW. Por otro lado, si el consumo es trifásico la conexión de la instalación de generación también deberá serlo. Por tanto, como el consumo es trifásico, se elige un inversor trifásico.

El CTE-HE5 (Apartado 3.2.3.2 de su versión inicial de 2006 donde se indicaban criterios generales de cálculo y que han desaparecido de la versión actual) establece que la potencia *mínima* del inversor ha de ser del 80 % de la potencia pico de la instalación fotovoltaica, por lo tanto:

$$P_{inversor} \geq 0{,}8 \times 40 \text{ kW}$$

Esta exigencia se debe a la instalación fotovoltaica tiene unos rendimientos del orden de 80-85% (Performance Ratio PR), es decir no me puede extraer toda la potencia pico. Además, los inversores presentan mejores valores de rendimiento para valores de potencia altos. Si se elige un inversor de más potencia trabajará más tiempo en un rango de potencia con rendimientos bajos. Es importante tener en cuenta que la instalación trabaja durante determinadas horas con valores de potencia bajos (mañanas y tardes).

Se eligen tres inversores trifásicos de la marca SMA, muy utilizada en el sector, modelo Sony Tripower 15000TL de 15 kW, cuyas características aparecen en la Figura 8.

Figura 8. Inversor instalación con excedentes

Datos técnicos	Sunny Tripower 15000TL
Entrada (CC)	
Potencia máx. del generador fotovoltaico	27000 Wp
Potencia asignada de CC	15330 W
Tensión de entrada máx.	1000 V
Rango de tensión MPP/tensión asignada de entrada	240 V a 800 V/600 V
Tensión de entrada mín./de inicio	150 V/188 V
Corriente máx. de entrada, entradas: A/B	33 A/33 A
Número de entradas de MPP independientes/strings por entrada de MPP	2/A:3; B:3
Salida (CA)	
Potencia asignada (a 230 V, 50 Hz)	15000 W
Potencia máx. aparente de CA	15000 VA

Figura 9. Caracterísicas inversor SMA

De la tabla se puede observar las tensiones de continua de entrada al inversor mínima (150 V) y máxima (1.000 V), así como estos valores para funcionamiento en modo extracción de la máxima potencia de los módulos MPPT, tensión mínima (240 V) y máxima (800 V).

Asimismo, la corriente continua máxima de entrada es de 33 A.

El rendimiento del inversor viene reflejado en la Figura 10.

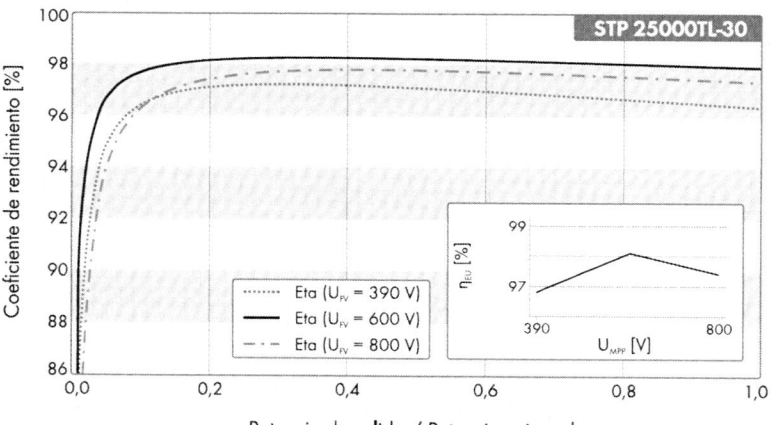

Figura 10. Rendimiento del inveror Fronius

De acuerdo con lo indicado en el Artículo 14 del RD1699/2011, el inversor deberá contar con las protecciones de la conexión de máxima y mínima frecuencia y de máxima y mínima tensión entre fases.

Conexión de los módulos fotovoltaicos. Potencia de la instalación

Con los valores límite de tensión e intensidad en corriente continua se determina la conexión de los módulos solares.

La tensión de los módulos aumenta logarítmicamente con la irradiancia y decrece con la temperatura, mediante la siguiente expresión:

$$V_T = V_{STC} + m \times v \times \ln \frac{G}{G_{STC}} + V_{STC} \times (T - T_{cel}) \times TKV_{oc}$$

donde:

T = temperatura del emplazamiento

TK_V = coeficiente de temperatura aplicable a tensiones

T_{cel} = temperatura de la célula (CEM, 25 °C)

V_T = valor de tensión a temperatura T e irradiancia G

V_{STC} = valor de tensión en condiciones STC

G = irradiancia W/m²

G_{STC} = irradiancia en condiciones STC, 1.000 W/m²

m = factor de idealidad del diodo

v = votaje térmico

No se considera que la irradiancia supere el valor STC de 1.000 W/m², por lo que la expresión se simplifica:

$$V_T = V_{STC} + V_{STC} \times (T - T_{cel}) \times TK_V$$

Como la tensión de los módulos oscila entre V_{mp} = 41,5 V (tensión de máxima potencia) y V_{oc} = 49,3 V (tensión de circuito abierto), en condiciones STC, los valores límite son los siguientes:

Modo MPPT, Tmax = 50 °C y Tmin = -3 °C, (Valencia, pliego de condiciones térmicas IDAE):

$$V_{mpmin}(50°C) = 41,50 + 41,50 \times (50 - 25) \times \frac{-0,352}{100} = 37,85 \text{ V}$$

$$V_{mpmax}(-3°C) = 41,50 + 41,50 \times (-3 - 25) \times \frac{-0,352}{100} = 41,50 \text{ V}$$

Modo circuito abierto, Tmax = 50 °C y Tmin = -3 °C, (Valencia, pliego de condiciones térmicas IDAE):

$$V_{ocmin}(50°C) = 49,30 + 49,30 \times (50 - 25) \times \frac{-0,271}{100} = 45,96 \text{ V}$$

$$V_{ocmax}(-3°C) = 49,30 + 49,30 \times (-3 - 25) \times \frac{-0,271}{100} = 53,04 \text{ V}$$

Como el rango de funcionamiento normal del inversor SMA está comprendido entre 150 y 1.000 V y, en modo MPPT entre 240 y 800 V, el número de módulos a conectar en serie deberá estar comprendido entre los siguientes valores:

$$6,34 = 240/37,85 < \text{n° módulos serie} < 800/41,50 = 19,28 \text{ máx. potencia}$$

$$3,26 = 150/45,96 < \text{n° módulos serie} < 1.000/53.04 = 18,85 \text{ cto. abierto}$$

Por tanto, el número de paneles a conectar en serie para que el inversor funcione en su rango de máxima potencia de funcionamiento estará comprendido entre 7 y 18.

Como la potencia pico mínima a instalar es de 40 kWp, y considerando los paneles de 450 Wp, tendremos:

$$\text{N° mínimo paneles} = 40/0,450 = 88,89 > 90 \text{ paneles (6 cadenas)}$$

Se elige una configuración de 90 paneles, con 6 circuitos en paralelo cada uno de ellos formado por 15 paneles en serie, con lo que se garantiza una configuración de paneles conectados en serie que permite que el inversor trabaje en su rango de funcionamiento MPPT. Estos circuitos se agrupan en grupos de dos por cada inversor.

Los 6 circuitos confluirán en una caja repartidora desde donde partirá la línea colectora hasta el inversor.

Es importante indicar que el inversor dispone de dos entradas MPPT, A y B. Como en este caso las seis cadenas tienen la misma inclinación y orientación se pueden conectar a una sola entrada. En caso de tener cadenas con valores diferentes de inclinación y orientación se tendrían que usar las dos entradas, una para cada grupo de cadenas.

La intensidad de la corriente varia con la irradiancia y con la temperatura, mediante la siguiente expresión:

$$I_T = I_{STC} \times \frac{G}{G_{STC}} + I_{STC} \times (T - T_{cel}) \times TKI_{sc}$$

Con los siguientes valores máximos para Valencia, en modo MPPT y cortocircuito:

Modo MPPT, Tmax = 50 °C y Tmin = -3 °C, (Valencia, pliego de condiciones térmicas IDAE):

$$I_{mpmax} = 10,85 + 10,85 \times (50 - 25) \times \frac{0,049}{100} = 10,98 \text{ A } (50°C)$$

Modo cortocircuito, Tmax = 50 °C y Tmin = -3 °C, (Valencia, pliego de condiciones térmicas IDAE):

$$I_{scmax} = 11,60 + 11,60 \times (50 - 25) \times \frac{0,049}{100} = 11,74 \text{ A } (50°C)$$

Tras unirse en el repartidor los dos circuitos, la intensidad de la línea saliente será:

$I_{mpmax} = 2 \times 10,98 = 21,96$ A < 33 A máximo del inversor

$I_{scmax} = 2 \times 11,94 = 23,88$ A < 33 A máximo del inversor

Con esto la potencia de la instalación resulta:

Potencia $= 6 \times 15 \times 0,450 = 40,50$ kWp

Y las tensiones máximas de trabajo, en el punto de máxima potencia y circuito abierto, serán:

$V_{mp} = 15 \times 41,50 = 622,50$ V (-3 °C)

$V_{oc} = 15 \times 53,04 = 795,60$ V (-3 °C)

Comprobándose que no se supera la tensión máxima de entrada en el inversor de 800 V en MPPT y 1.000 V máximo de funcionamiento.

Además, este valor de tensión máxima determinará la tensión nominal de los elementos de protección (fusibles e interruptores automáticos) y resto de equipos (conductores, seccionadores, bases, etc).

La instalación se realizará según el siguiente esquema:

ESQUEMA DE CONFIGURACIÓN

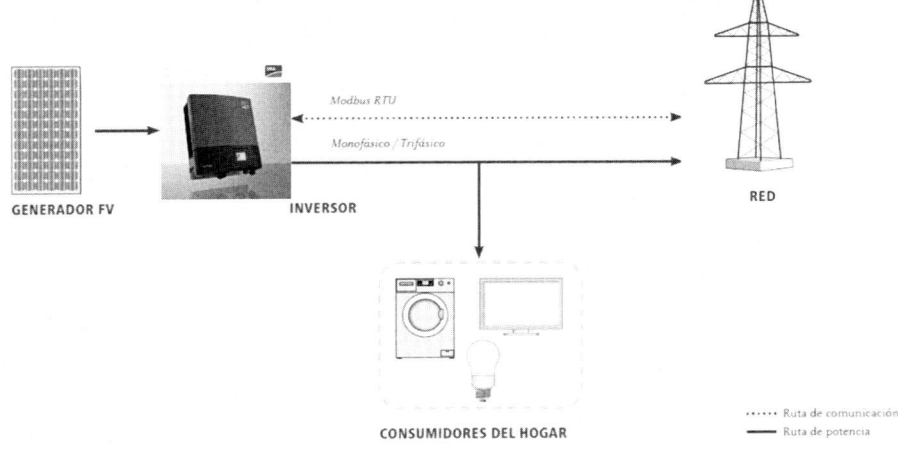

Figura 11. Esquema instalación con excedentes

12. Cálculo de la producción con periodos horarios

Los excedentes de energía no pueden ser tratados igual que la energía no consumida de la red, puesto que el precio de la energía consumida de la red es del entorno de 0,10 €/kWh, tal y como se puede observar en las facturas, mientras que la energía sobrante que se vierte a la red es remunerada con el precio del mercado diario con un precio medio anual de 0,05 €/kWh sin considerar el momento del vertido.

Esto obliga a saber en cada momento, en cada periodo horario, cuanta energía se produce en la instalación para calcular la reducción de energía procedente de la red en unos casos y el excedente de energía que se vierte a la red en otros casos.

Para ello es necesario conocer, aunque sea una estimación la producción horaria. El perfil del consumo se puede obtener de la compañía eléctrica como se ha visto antes.

Referencia IDAE

Para calcular la producción energética de la instalación fotovoltaica con orientación sur e inclinación óptima (30 °), en primer lugar se procede al cálculo de las pérdidas, a saber:

L_{temp} = pérdidas por temperatura (valor de cálculo)

L_{cab} = pérdidas por cableado (valor típico = 1- 0,998)

L_{pol} = pérdidas por polvo (valor típico = 1- 0,97)

L_{dis} = pérdidas por dispersión de parámetros (valor típico = 1- 0,98)

L_{pmo} = pérdidas por errores punto de máxima potencia (valor típico = 1- 0,99)

L_{inv} = pérdidas en el inversor (valor típico = 1- 0,9)

L_{otros} = otras pérdidas (valor típico = 1- 0,98)

Las pérdidas por temperatura se calculan a partir de la temperatura de operación de la célula T_C que, a su vez, se obtiene de la temperatura ambiente T_{amb} del emplazamiento durante las horas de sol y de la temperatura normal de operación de la célula (T_{ONC}) que aporta el fabricante, en nuestro caso 45 °C.

$$T_C = T_{amb} + 1000 \times \frac{T_{ONC} - 20}{800}$$

$$L_{temp} = 0,0035 \times (T_C - 25)$$

Para el resto de pérdidas se suelen emplear valores típicos.

Es habitual trabajar con los rendimientos:

1-L_{temp} = rendimiento por temperatura (valor de cálculo)

1-L_{cab} = rendimiento por cableado (valor típico 0,998)

1-L_{pol} = rendimiento por polvo (valor típico = 0,97)

1-L_{dis} = rendimiento por dispersión de parámetros (valor típico = 0,98)

1-L_{pmo} = rendimiento por errores punto de máxima potencia (valor típico = 0,99)

$1-L_{inv}$ = rendimiento en el inversor (valor típico = 0,95)

$1-L_{otros}$ = otros rendimientos (valor típico = 0,98)

El producto de todos los rendimientos aporta el valor del rendimiento global, PR, Performance Ratio.

Tomando como temperaturas del ambiente las correspondientes a Valencia, obtenidas del Pliego IDAE:

Tabla 19. Temperatura ambiente media. Fuente: Pliego IDAE

Temperatura ambiente media durante las horas de sol, en °C. (Fuente: CENSOLAR).

		ENE	FEB	MAR	ABR	MAY	JUN	JUL	AGO	SEP	OCT	NOV	DIC	AÑO
1	ÁLAVA	7	7	11	12	15	19	21	21	19	15	10	7	13,7
2	ALBACETE	6	8	11	13	17	22	26	26	22	16	11	7	15,4
3	ALICANTE	13	14	16	18	21	25	28	28	26	21	17	14	20,1
4	ALMERÍA	15	15	16	18	21	24	27	28	26	22	18	16	20,5
5	ASTURIAS	9	10	11	12	15	18	20	20	19	16	12	10	14,3
6	ÁVILA	4	5	8	11	14	18	22	22	18	13	8	5	12,3
7	BADAJOZ	11	12	15	17	20	25	28	28	25	20	15	11	18,9
8	BALEARES	12	13	14	17	19	23	26	27	25	20	16	14	18,8
9	BARCELONA	11	12	14	17	20	24	26	26	24	20	16	12	18,5
10	BURGOS	5	6	9	11	14	18	21	21	18	13	9	5	12,5
11	CÁCERES	10	11	14	16	19	25	28	28	25	19	14	10	18,3
12	CÁDIZ	13	15	17	19	21	24	27	27	25	22	18	15	20,3
13	CANTABRIA	11	11	14	14	16	19	21	21	20	17	14	12	15,8
14	CASTELLÓN	13	13	15	17	20	24	26	27	25	21	16	13	19,2
15	CEUTA	15	15	16	17	19	23	25	26	24	21	18	16	19,6
16	CIUDAD REAL	7	9	12	15	18	23	28	27	20	17	11	8	16,3
17	CÓRDOBA	11	13	16	18	21	26	30	30	26	21	16	12	20
18	LA CORUÑA	12	12	14	14	16	19	20	21	20	17	14	12	15,9
19	CUENCA	5	6	9	12	15	20	24	23	20	14	9	6	13,6
20	GERONA	9	10	13	15	19	23	26	25	23	18	13	10	17
21	GRANADA	9	10	13	16	18	24	27	27	24	18	13	9	17,3
22	GUADALAJARA	7	8	12	14	18	22	26	26	22	16	10	8	15,8
23	GUIPÚZCOA	10	10	13	14	16	19	21	21	20	17	13	10	15,3
24	HUELVA	13	14	16	20	21	24	27	27	25	21	17	14	19,9
25	HUESCA	7	8	12	15	18	22	25	25	21	16	11	7	15,6
26	JAÉN	11	11	14	17	21	26	30	29	25	19	15	10	19
27	LEÓN	5	6	10	12	15	19	22	22	19	14	9	6	13,3
28	LÉRIDA	7	10	14	15	21	24	27	27	23	18	11	8	17,1
29	LUGO	8	9	11	13	15	18	20	21	19	15	11	8	14
30	MADRID	6	8	11	13	18	23	28	26	21	15	11	7	15,6
31	MÁLAGA	15	15	17	19	21	25	27	28	26	22	18	15	20,7
32	MELILLA	15	15	16	18	21	25	27	28	26	22	18	16	20,6
33	MURCIA	12	12	15	17	21	25	28	28	25	20	16	12	19,3
34	NAVARRA	7	7	11	13	16	20	22	23	20	15	10	8	14,3
35	ORENSE	9	9	13	15	18	21	24	23	21	16	12	9	15,8
36	PALENCIA	5	7	10	13	16	20	23	23	20	14	9	6	13,8
37	LAS PALMAS	20	20	21	22	23	24	25	20	26	25	23	21	22,5
38	PONTEVEDRA	11	12	14	16	18	20	22	23	20	17	14	12	16,6
39	LA RIOJA	7	9	12	14	17	21	24	24	21	16	11	8	15,3
40	SALAMANCA	6	7	10	13	16	20	24	23	20	14	9	6	14
41	STA. C. DE TENERIFE	19	20	20	21	22	24	26	27	26	25	23	20	22,8
42	SEGOVIA	4	6	10	12	15	20	24	23	20	14	9	5	13,5
43	SEVILLA	11	13	14	17	21	25	29	29	24	20	16	12	19,3
44	SORIA	4	6	9	11	14	19	22	22	18	13	8	5	12,6
45	TARRAGONA	11	12	14	16	19	22	25	26	23	20	15	12	17,9
46	TERUEL	5	6	9	12	16	20	23	24	19	14	9	6	13,6
47	TOLEDO	8	9	13	15	19	24	28	27	23	17	12	8	16,9
48	VALENCIA	12	13	15	17	20	23	26	27	24	20	16	13	18,8
49	VALLADOLID	4	6	9	12	17	21	24	23	18	13	8	4	13,3
50	VIZCAYA	10	11	12	13	16	20	22	22	20	16	13	10	15,4
51	ZAMORA	6	7	11	13	16	21	24	23	20	15	10	6	14,3
52	ZARAGOZA	8	10	13	16	19	23	26	26	23	17	12	9	16,8

Resultan los siguientes valores de rendimientos:

Tabla 20. Rendimientos en paneles fotovoltaicos

Mes	T_{amb}	T_c	1- L_{temp}	1- L_{cap}	1- L_{pol}	1- L_{dis}	1- L_{pmp}	1- L_{inv}	1- L_{otros}	PR
Enero	12	43,25	0,936	0,998	0,970	0,980	0,990	0,950	0,980	0,818
Febrero	13	44,25	0,933	0,998	0,970	0,980	0,990	0,950	0,980	0,816
Marzo	15	46,25	0,926	0,998	0,970	0,980	0,990	0,950	0,980	0,810
Abril	17	48,25	0,919	0,998	0,970	0,980	0,990	0,950	0,980	0,804
Mayo	20	51,25	0,908	0,998	0,970	0,980	0,990	0,950	0,980	0,794
Junio	23	54,25	0,898	0,998	0,970	0,980	0,990	0,950	0,980	0,785
Julio	26	57,25	0,887	0,998	0,970	0,980	0,990	0,950	0,980	0,776
Agosto	27	58,25	0,884	0,998	0,970	0,980	0,990	0,950	0,980	0,773
Septiembre	24	55,25	0,894	0,998	0,970	0,980	0,990	0,950	0,980	0,782
Octubre	20	51,25	0,908	0,998	0,970	0,980	0,990	0,950	0,980	0,794
Noviembre	16	47,25	0,922	0,998	0,970	0,980	0,990	0,950	0,980	0,806
Diciembre	13	44,25	0,933	0,998	0,970	0,980	0,990	0,950	0,980	0,816
Anual	18,8									

Y la generación a partir de las pérdidas y de la radiación por m^2 para Paterna, con orientación sur e inclinación 30, partiendo de los datos de radiación del Pliego del IDAE resulta:

Tabla 21. Cálculo irradiación anual. Fuente: elaboración propia

	G(λ,0) Superficie horizontal			λ= 39° N β=30°	G(λ,β) Superficie inclinada		Orientación e inclinación óptimas		Superposición sobre cubierta existente	
Irradiación solar	MJ/m² y día	kWh/m² y día	N° días (N)	Factor corrección	MJ/m² y día	kWh/m² y día	PR	Ep (KWh/mes)	Pérdidas	Ep (KWh/mes)
Enero	7,60	2,11	31,00	1,33	10,11	2,81	0,82	2.885,87	1,00	2.885,87
Febrero	10,60	2,94	28,00	1,25	13,25	3,68	0,82	3.405,27	1,00	3.405,27
Marzo	14,90	4,14	31,00	1,16	17,28	4,80	0,81	4.881,38	1,00	4.881,38
Abril	18,10	5,03	30,00	1,07	19,37	5,38	0,80	5.255,51	1,00	5.255,51
Mayo	20,60	5,72	31,00	1,00	20,60	5,72	0,79	5.702,08	1,00	5.702,08
Junio	22,80	6,33	30,00	0,97	22,12	6,14	0,79	5.856,18	1,00	5.856,18
Julio	23,80	6,61	31,00	1,00	23,80	6,61	0,78	6.439,91	1,00	6.439,91
Agosto	20,70	5,75	31,00	1,08	22,36	6,21	0,77	6.026,81	1,00	6.026,81
Septiembre	16,70	4,64	30,00	1,19	19,87	5,52	0,78	5.244,72	1,00	5.244,72
Octubre	12,00	3,33	31,00	1,33	15,96	4,43	0,79	4.416,12	1,00	4.416,12
Noviembre	8,70	2,42	30,00	1,41	12,27	3,41	0,81	3.339,38	1,00	3.339,38
Diciembre	6,60	1,83	31,00	1,40	9,24	2,56	0,82	2.622,69	1,00	2.622,69
Anual	15,30	4,25	365,00		17,20	57,27		56.075,92		56.075,92
							Horas equivalentes	1.384,59		1.384,59

Donde para cada mes Ep se obtiene de la siguiente expresión:

$$Ep= \frac{P_p \times G(\lambda,\beta) \times N \times PR}{G_{CEM}}$$

Donde:

E_p es la producción en kWh en el mes considerado

P_p = potencia pico de la instalación (38,61 kWp)

G(λ,β) es la irradiación recibida en kWh/día y m^2 en el mes considerado

N es el número de días del mes considerado y

PR en la eficiencia del panel o rendimiento (Performance Ratio)

G_{CEM} es la irradiancia en CEM (1000 W/m^2)

Así, por ejemplo, para el mes de enero resulta una producción de:

$$Ep= \frac{40,50 \times 2,81 \times 31 \times 0,818}{1} =2.885,87 \text{ kWh}$$

Se procede de esta forma debido a que los valores de irradiación de las tablas del Pliego del IDAE son obtenidas a partir de una irradiancia solar de 1.000 W/m^2.

Este concepto se ve claramente si se indican las unidades en la expresión de Ep

$$Ep = P \left(\frac{kW}{1 \times kW/m^2} \right) \times G \left(\frac{kWh}{m^2 \text{ día}} \right) \times N \text{ (días)} \times PR \text{ (adm)} = kWh \text{ en el mes}$$

Sumando la producción de cada mes se obtiene la producción anual

Producción anual = 56.075,92 kWh al año

Emplazamiento. Pérdidas por orientación

En este momento del estudio ya se conoce que se pretende instalar un total de 90 módulos. Ahora hay que estudiar dónde y cómo colocarlos considerando los condicionantes de la edificación existente o el terreno disponible.

Se considera que se dispone sin limitaciones de la planta cubierta del edificio, por lo que se puede colocar toda la instalación con orientación sur y, por tanto, no hay que reducir la producción para considerar pérdidas.

Con esto, aplicando un coeficiente por pérdidas por orientación de la unidad, queda:

Tabla 22. Cálculo irradiación anual con pérdidas por orientación

Irradiación solar	G(Λ,0) Superficie horizontal		Nº días (N)	Λ= 39° N β=30° Factor corrección	G(Λ,β) Superficie inclinada		Orientación e inclinación óptimas		Superposición sobre cubierta existente		
	MJ/m² y día	kWh/m² y día			MJ/m² y día	kWh/m² y día	PR	Ep (KWh/mes)	Pérdidas	Ep (KWh/mes)	Ep (KWh/día medio)
Enero	7,60	2,11	31,00	1,33	10,11	2,81	0,82	2.885,87	1,00	2.885,87	93,09
Febrero	10,60	2,94	28,00	1,25	13,25	3,68	0,82	3.405,27	1,00	3.405,27	121,62
Marzo	14,90	4,14	31,00	1,16	17,28	4,80	0,81	4.881,38	1,00	4.881,38	157,46
Abril	18,10	5,03	30,00	1,07	19,37	5,38	0,80	5.255,51	1,00	5.255,51	175,18
Mayo	20,60	5,72	31,00	1,00	20,60	5,72	0,79	5.702,08	1,00	5.702,08	183,94
Junio	22,80	6,33	30,00	0,97	22,12	6,14	0,79	5.856,18	1,00	5.856,18	195,21
Julio	23,80	6,61	31,00	1,00	23,80	6,61	0,78	6.439,91	1,00	6.439,91	207,74
Agosto	20,70	5,75	31,00	1,08	22,36	6,21	0,77	6.026,81	1,00	6.026,81	194,41
Septiembre	16,70	4,64	30,00	1,19	19,87	5,52	0,78	5.244,72	1,00	5.244,72	174,82
Octubre	12,00	3,33	31,00	1,33	15,96	4,43	0,79	4.416,12	1,00	4.416,12	142,46
Noviembre	8,70	2,42	30,00	1,41	12,27	3,41	0,81	3.339,38	1,00	3.339,38	111,31
Diciembre	6,60	1,83	31,00	1,40	9,24	2,56	0,82	2.622,69	1,00	2.622,69	84,60
Anual	15,30	4,25	365,00		17,20	57,27		56.075,92		56.075,92	
					Horas equivalentes			1.384,59		1.384,59	

La producción anual es de 56.075,92 kWh y la producción de un día medio del mes de enero es de:

Producción_enero = 2.885,87/31 = 93,09 kWh

Colocando valores de PR = 1 y sin considerar pérdidas por orientación se obtiene:

Tabla 23. Producción instalación sin excedentes con pérdidas por PR y orientación

Irradiación solar	G(λ,0) Superficie horizontal		N° días (N)	λ= 39° N β=30° Factor corrección	G(λ,β) Superficie inclinada		Orientación e inclinación óptimas		Superposición sobre cubierta existente	
	MJ/m² y día	kWh/m² y día			MJ/m² y día	kWh/m² y día	PR	Ep (KWh/mes)	Pérdidas	Ep (KWh/mes)
Enero	7,60	2,11	31,00	1,33	10,11	2,81	1,00	3.527,96	1,00	3.527,96
Febrero	10,60	2,94	28,00	1,25	13,25	3,68	1,00	4.173,12	1,00	4.173,12
Marzo	14,90	4,14	31,00	1,16	17,28	4,80	1,00	6.026,40	1,00	6.026,40
Abril	18,10	5,03	30,00	1,07	19,37	5,38	1,00	6.536,70	1,00	6.536,70
Mayo	20,60	5,72	31,00	1,00	20,60	5,72	1,00	7.181,46	1,00	7.181,46
Junio	22,80	6,33	30,00	0,97	22,12	6,14	1,00	7.460,10	1,00	7.460,10
Julio	23,80	6,61	31,00	1,00	23,80	6,61	1,00	8.298,86	1,00	8.298,86
Agosto	20,70	5,75	31,00	1,08	22,36	6,21	1,00	7.796,66	1,00	7.796,66
Septiembre	16,70	4,64	30,00	1,19	19,87	5,52	1,00	6.706,80	1,00	6.706,80
Octubre	12,00	3,33	31,00	1,33	15,96	4,43	1,00	5.561,87	1,00	5.561,87
Noviembre	8,70	2,42	30,00	1,41	12,27	3,41	1,00	4.143,15	1,00	4.143,15
Diciembre	6,60	1,83	31,00	1,40	9,24	2,56	1,00	3.214,08	1,00	3.214,08
Anual	15,30	4,25	365,00		17,20	57,27		70.627,16		70.627,16
							Horas equivalentes	1.743,88		1.743,88

La producción anual sin pérdidas es de 70.627,16 KWh, con lo que se puede obtener el rendimiento global de la instalación:

$$\eta = \frac{56.075,92}{70.627,16} \times 100 = 79,40\ \%$$

Y las pérdidas totales

$$\text{Pérdidas (\%)} = 100\text{-}79,40\% = 20,6\%$$

El pliego del IDAE aporta valores de energía para un día medio de cada mes pero no para las diferentes horas del día. Para esto hay que utilizar el Anexo XII del Real Decreto 661/2007 reproducido en el Anexo IV del Real Decreto 413/2014, que establece los factores de funcionamiento de una instalación solar fotovoltaica en función de la zona climática.

A Valencia le corresponde la zona climática IV, de acuerdo con el Código Técnico de la Edificación, CTE-HE4, por lo que los factores de utilización a considerar son los siguientes:

Tabla 24. Factores de funcionamiento, hora solar

ZONA IV. Factor de funcionamiento según RD413/2014, anexo XII. HORA SOLAR																								
Mes/Hora	1	2	3	4	5	6	7	8	9	10	11	12	13	14	15	16	17	18	19	20	21	22	23	24	Suma
Enero	0,00	0,00	0,00	0,00	0,00	0,00	0,00	0,10	0,23	0,34	0,43	0,46	0,43	0,34	0,23	0,10	0,00	0,00	0,00	0,00	0,00	0,00	0,00	0,00	2,66
Febrero	0,00	0,00	0,00	0,00	0,00	0,00	0,04	0,19	0,34	0,48	0,58	0,61	0,58	0,48	0,34	0,19	0,04	0,00	0,00	0,00	0,00	0,00	0,00	0,00	3,87
Marzo	0,00	0,00	0,00	0,00	0,00	0,00	0,11	0,26	0,42	0,55	0,64	0,67	0,64	0,55	0,42	0,26	0,11	0,00	0,00	0,00	0,00	0,00	0,00	0,00	4,63
Abril	0,00	0,00	0,00	0,00	0,00	0,06	0,19	0,35	0,50	0,63	0,72	0,75	0,72	0,63	0,50	0,35	0,19	0,06	0,00	0,00	0,00	0,00	0,00	0,00	5,65
Mayo	0,00	0,00	0,00	0,00	0,00	0,13	0,28	0,44	0,60	0,74	0,83	0,86	0,83	0,74	0,60	0,44	0,28	0,13	0,00	0,00	0,00	0,00	0,00	0,00	6,90
Junio	0,00	0,00	0,00	0,00	0,03	0,16	0,31	0,47	0,63	0,76	0,75	0,88	0,85	0,76	0,63	0,47	0,31	0,16	0,03	0,00	0,00	0,00	0,00	0,00	7,20
Julio	0,00	0,00	0,00	0,00	0,02	0,16	0,33	0,51	0,69	0,83	0,93	0,97	0,93	0,83	0,69	0,51	0,33	0,16	0,02	0,00	0,00	0,00	0,00	0,00	7,91
Agosto	0,00	0,00	0,00	0,00	0,00	0,09	0,25	0,43	0,60	0,74	0,84	0,88	0,84	0,74	0,60	0,43	0,25	0,09	0,00	0,00	0,00	0,00	0,00	0,00	6,78
Septiembre	0,00	0,00	0,00	0,00	0,00	0,02	0,16	0,32	0,49	0,63	0,73	0,76	0,73	0,63	0,49	0,32	0,16	0,02	0,00	0,00	0,00	0,00	0,00	0,00	5,46
Octubre	0,00	0,00	0,00	0,00	0,00	0,00	0,06	0,20	0,35	0,49	0,58	0,61	0,58	0,49	0,35	0,20	0,06	0,00	0,00	0,00	0,00	0,00	0,00	0,00	3,97
Noviembre	0,00	0,00	0,00	0,00	0,00	0,00	0,00	0,11	0,24	0,35	0,43	0,46	0,43	0,35	0,24	0,11	0,00	0,00	0,00	0,00	0,00	0,00	0,00	0,00	2,72
Diciembre	0,00	0,00	0,00	0,00	0,00	0,00	0,00	0,08	0,20	0,31	0,38	0,41	0,38	0,31	0,20	0,08	0,00	0,00	0,00	0,00	0,00	0,00	0,00	0,00	2,35

Es importante observar que los valores son totalmente simétricos, por lo que la utilización de los mismos no tendrá en cuenta que la instalación tiene una orientación de 30° sur. Con la utilización del PVGIS sí que se tiene en cuenta la orientación de loa módulos fotovoltaicos como se observará en el siguiente apartado.

En esta tabla, los valores de las horas que aparecen corresponden al tiempo solar. En el horario de invierno la hora civil corresponde a la hora solar más 2 unidades, y en el horario de verano la hora civil corresponde a la hora solar más 1 unidad. Los cambios de horario de invierno a verano o viceversa coincidirán con la fecha de cambio oficial de hora.

Pasando estos valores a la hora civil, resulta:

Tabla 25. Factores de utilización, hora oficial

ZONA IV. Factor de funcionamiento según RD413/2014, anexo XII. HORA OFICIAL																								
Mes/Hora	1	2	3	4	5	6	7	8	9	10	11	12	13	14	15	16	17	18	19	20	21	22	23	24	Suma
Enero	0,00	0,00	0,00	0,00	0,00	0,00	0,00	0,00	0,00	0,10	0,23	0,34	0,43	0,46	0,43	0,34	0,23	0,10	0,00	0,00	0,00	0,00	0,00	0,00	2,66
Febrero	0,00	0,00	0,00	0,00	0,00	0,00	0,00	0,00	0,04	0,19	0,34	0,48	0,58	0,61	0,58	0,48	0,34	0,19	0,04	0,00	0,00	0,00	0,00	0,00	3,87
Marzo	0,00	0,00	0,00	0,00	0,00	0,00	0,00	0,00	0,11	0,26	0,42	0,55	0,64	0,67	0,64	0,55	0,42	0,26	0,11	0,00	0,00	0,00	0,00	0,00	4,63
Abril	0,00	0,00	0,00	0,00	0,00	0,00	0,06	0,19	0,35	0,50	0,63	0,72	0,75	0,72	0,63	0,50	0,35	0,19	0,06	0,00	0,00	0,00	0,00	0,00	5,65
Mayo	0,00	0,00	0,00	0,00	0,00	0,13	0,28	0,44	0,60	0,74	0,83	0,86	0,83	0,74	0,60	0,44	0,28	0,13	0,00	0,00	0,00	0,00	0,00	0,00	6,90
Junio	0,00	0,00	0,00	0,00	0,00	0,16	0,31	0,47	0,63	0,76	0,75	0,88	0,85	0,76	0,63	0,47	0,31	0,16	0,03	0,00	0,00	0,00	0,00	0,00	7,17
Julio	0,00	0,00	0,00	0,00	0,02	0,16	0,33	0,51	0,69	0,83	0,93	0,97	0,93	0,83	0,69	0,51	0,33	0,16	0,02	0,00	0,00	0,00	0,00	0,00	7,91
Agosto	0,00	0,00	0,00	0,00	0,00	0,09	0,25	0,43	0,60	0,74	0,84	0,88	0,84	0,74	0,60	0,43	0,25	0,09	0,00	0,00	0,00	0,00	0,00	0,00	6,78
Septiembre	0,00	0,00	0,00	0,00	0,00	0,02	0,16	0,32	0,49	0,63	0,73	0,76	0,73	0,63	0,49	0,32	0,16	0,02	0,00	0,00	0,00	0,00	0,00	0,00	5,46
Octubre	0,00	0,00	0,00	0,00	0,00	0,00	0,06	0,20	0,35	0,49	0,58	0,61	0,58	0,49	0,35	0,20	0,06	0,00	0,00	0,00	0,00	0,00	0,00	0,00	3,97
Noviembre	0,00	0,00	0,00	0,00	0,00	0,00	0,00	0,00	0,11	0,24	0,35	0,43	0,46	0,43	0,35	0,24	0,11	0,00	0,00	0,00	0,00	0,00	0,00	0,00	2,72
Diciembre	0,00	0,00	0,00	0,00	0,00	0,00	0,00	0,00	0,08	0,20	0,31	0,38	0,41	0,38	0,31	0,20	0,08	0,00	0,00	0,00	0,00	0,00	0,00	0,00	2,35

Así, en la hora 11 de un día medio del mes de enero, el factor de utilización es 0,23. La suma de factores de utilización es de 2,66. Por tanto, producción de la hora 11 de un día de enero, con una producción al dia de 93.090 Wh, es de:

$$\text{Prod} - \text{H11} = \frac{0{,}23}{2{,}66} \times 93.090 = 8.049{,}14 \text{ Wh}$$

Con esta información se puede calcular la reducción de consumo y el excedente en cada periodo horario.

Tabla 26. Consumo, generación y excedentes de un día medio del mes de enero según IDAE

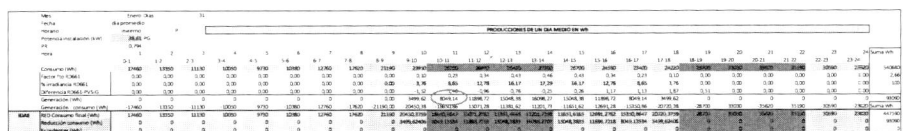

	Mes	Enero							
	Fecha	dia promedio							
	Horario	Invierno	PRODUCCIONES DE UN DIA MEDIO EN Wh						
	Potencia instalación (kW)	38,61							
	PR	0,794							
	Hora	1	10	11	12	13	14	24	Suma V/h
		0-1	9-10	10-11	11-12	12-13	13-14	23-24	
	Consumo (Wh)	17460	23950	26700	26970	26430	27300	23620	540680
	Factor fto RD661	0,00	0,10	0,23	0,34	0,43	0,46	0,00	2,66
	% irradiancia RD661	0,00	3,76	8,65	12,78	16,17	17,29	0,00	100
	Diferencia RD661-PVSIG	0,00	-1,52	-1,46	-0,96	-0,76	-0,25	0,00	
	Generación (Wh)	0	3499,62	8049,14	11898,72	15048,38	16098,27	0	93090
	Generación - consumo (Wh)	-17460	-20450,38	-18650,86	-15071,28	-11381,62	-11201,73	-23620	Suma Wh
IDAE	RED Consumo final (Wh)	17460	20450,3759	18650,8647	15071,2782	11381,6165	11201,7293	23620	447590
	Reducción consumo (Wh)	0	3499,62406	8049,13534	11898,7218	15048,3835	16098,2707	0	93090
	Excedentes (Wh)	0	0	0	0	0	0	0	0

De esta tabla se puede obtener la reducción de consumo en cada periodo horario y el excedente. Así, para la hora 11 de un día medio del mes de enero se tiene:

Consumo:	26.700 Wh
Generación:	8.049 Wh
Reducción consumo:	8.049 Wh
Excedentes:	0 Wh

Multiplicando estos resultados por el número de días del mes, se obtienen los valores de reducción de consumo y excedentes.

Agrupando estos resultados de reducción de consumo y excedentes por periodos, P1, P2 y P3, y multiplicando por el número de días del mes, se obtienen los valores de reducción de consumo y excedentes en los tres periodos. Es importante indicar que para los días del mes se ha utilizado el periodo de facturación y no los días naturales de cada mes.

Como los fines de semana el periodo es P3 y hay generación, se ha considerado una producción equivalente a 22 días en la generación punta y llano, quedando el resto de días del mes (fines de semana) en periodo valle P3.

Por ejemplo, para para un día medio del mes de enero en P1 se ha producido una reducción del consumo de 51.094,51 Wh, que multiplicados por 22 días, resulta una reducción del consumo de 1.124,08 kWh, que se trasladan a la nueva factura.

Referencia PVGIS

Situando el cursor sobre la ubicación del proyecto e introduciendo la potencia de la

Rendimiento de un sistema FV conectado a red

PVGIS-5 valores estimados de la producción eléctrica solar:

Datos proporcionados:		Resultados de la simulación		Perfil del horizonte en la localización seleccionad
Latitud/Longitud:	39.508,-0.432	Ángulo de inclinación:	30 °	
Horizonte:	Calculado	Ángulo de azimut:	0 °	
Base de datos:	PVGIS-SARAH2	Producción anual FV:	60835.16 kWh	
Tecnología FV:	Silicio cristalino	Irradiación anual:	2103.99 kWh/m²	
FV instalado:	40.5 kWp	Variación interanual:	1596.78 kWh	
Pérdidas sistema:	20.6 %	Cambios en la producción debido a:		
		Ángulo de incidencia:	-2.54 %	
		Efectos espectrales:	0.55 %	
		Temperatura y baja irradiancia:	-8.24 %	
		Pérdidas totales:	-28.61 %	

(Figura 12, continúa en la página siguiente)

(Figura 12, continúa de la página anterior)

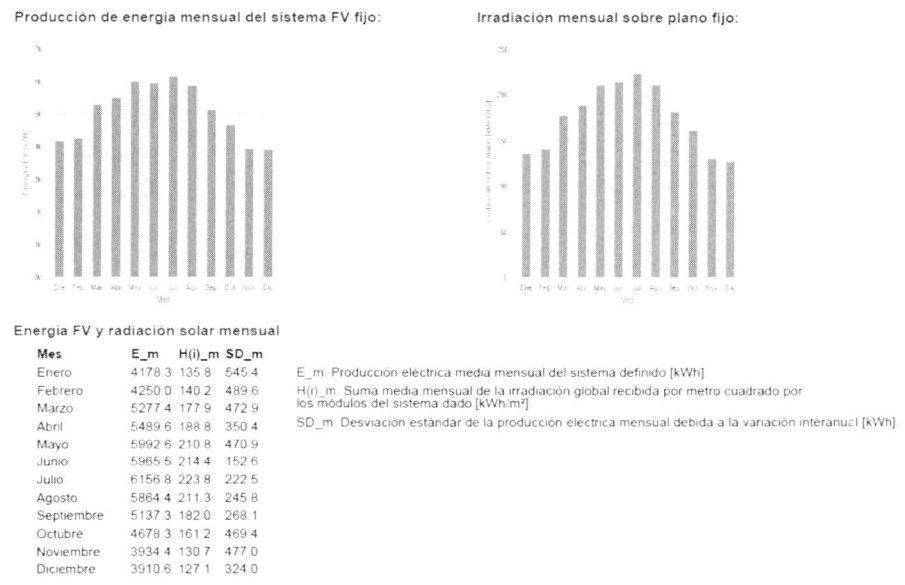

Energía FV y radiación solar mensual

Mes	E_m	H(i)_m	SD_m
Enero	4178.3	135.8	545.4
Febrero	4250.0	140.2	489.6
Marzo	5277.4	177.9	472.9
Abril	5489.6	188.8	350.4
Mayo	5992.6	210.8	470.9
Junio	5965.5	214.4	152.6
Julio	6156.8	223.8	222.5
Agosto	5864.4	211.3	245.8
Septiembre	5137.3	182.0	268.1
Octubre	4678.3	161.2	469.4
Noviembre	3934.4	130.7	477.0
Diciembre	3910.6	127.1	324.0

E_m: Producción eléctrica media mensual del sistema definido [kWh].

H(i)_m: Suma media mensual de la irradiación global recibida por metro cuadrado por los módulos del sistema dado [kWh/m²].

SD_m: Desviación estándar de la producción eléctrica mensual debida a la variación interanual [kWh].

Figura 12. Producción según PVGIS

La producción anual es de 60.835,16,87 kWh, algo superior a los 56.075,92 kWh obtenidos con la referencia IDAE).

La producción de un día medio del més de enero es de:

$$\text{Producción-enero} = \frac{4.178,3}{31} = 134,78 \text{ kWh}$$

Valor valor algo superior también al obtenido con la metodología del IDAE de 93,09 kWh.

El PVGIS aporta valores de energía para un día medio de cada mes y versiones recientes también aportan valores de energía para las diferentes horas del día. Este programa también aporta la irradiancia horaria, hora local UTC+1 (W/m²), con lo que se puede conocer la aportación en % de cada hora en la irradiancia (irradiancia horaria/suma de irradiancias horarias) que trasladamos a los valores de producción, es decir, obtenemos la aportación horaria en % de la producción del día. De esta forma se evita trabajar con 8.760 valores de producción si bien será menos preciso.

Para la obtención de estos datos se debe solicitar datos horarios en el PVGIS.

Por ejemplo para un día medio del mes de enero, con la inclinación de 30° la latitud de 39,5° y el azimut de 0°, la irradiancia en cada hora es:

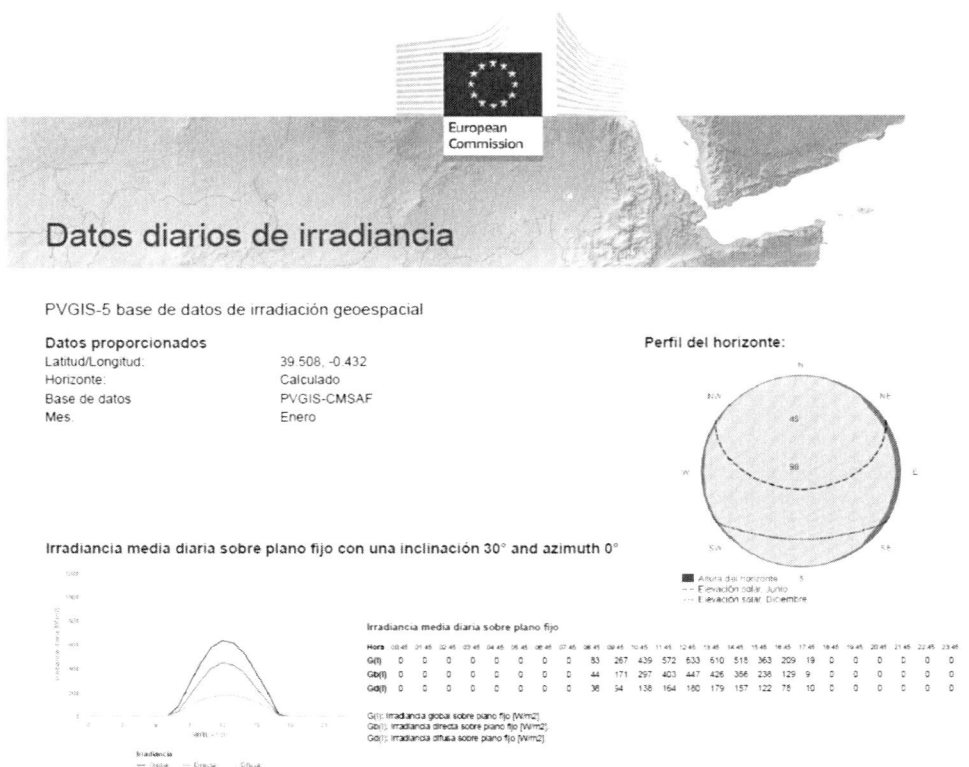

Figura 13. Irradiancia horaria PVGIS

Tabla 27. Irradiancia horaria

Irradiancia media diaria sobre plano fijo

Hora	00:45	01:45	02:45	03:45	04:45	05:45	06:45	07:45	08:45	09:45	10:45	11:45	12:45	13:45	14:45	15:45	16:45	17:45	18:45	19:45	20:45	21:45	22:45	23:45
G(i)	0	0	0	0	0	0	0	0	83	267	439	572	633	610	518	363	209	19	0	0	0	0	0	0
Gb(i)	0	0	0	0	0	0	0	0	44	171	297	403	447	426	356	238	129	9	0	0	0	0	0	0
Gd(i)	0	0	0	0	0	0	0	0	38	94	138	164	180	179	157	122	78	10	0	0	0	0	0	0

G(i): Irradiancia global sobre plano fijo [W/m2].
Gb(i): Irradiancia directa sobre plano fijo [W/m2].
Gd(i): Irradiancia difusa sobre plano fijo [W/m2].

Es importante observar que, a diferencia de la metodología del IDAE basada en el RD661/2007, los valores serán simétricos en casos con orientación diferente al sur.

Así, en la hora oficial 12 (10,45 UTC+1), la irradiancia es 439 W/m². La suma de irradiancias es de 3.713 W/m².

Por tanto, producción de la hora 12 de un día de enero, con una producción de 134.780 Wh, es de:

$$\text{Prod} - \text{H12} = \frac{439}{3.713} \times 134.780 = 15.935 \text{ Wh}$$

Con esta información se puede calcular la reducción de consumo y el excedente en cada periodo horario, de la misma forma que se ha hecho en el caso anterior con referencia IDAE.

Tabla 28. Consumo, generación y excedentes según PVGIS

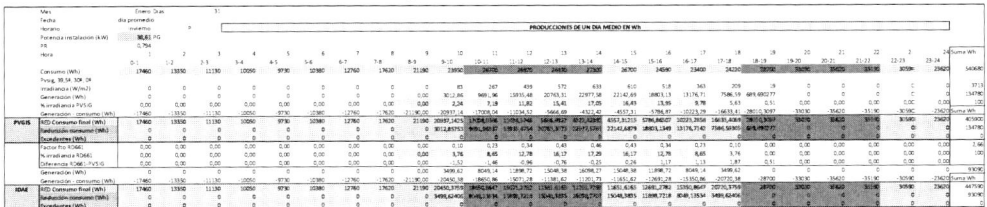

	Mes	Enero								
	Fecha	dia promedio								
	Horario	Invierno			**PRODUCCIONES DE UN DIA MEDIO EN Wh**					
	Potencia instalación (kW)	38,61								
	PR	0,794								
	Hora	1	10	11	12	13	14	24	Suma Wh
		0-1	9-10	10-11	11-12	12-13	13-14	23-24	
	Consumo (Wh)	17460	23950	26700	26970	26430	27300	23620	540680
	Pvsig, 39,5º, 30º, 0º								
	Irradiancia (W/m2)	0	83	267	439	572	633	0	3713
	Generación (Wh)	0	3012,86	9691,96	15935,48	20763,31	22977,58	0	134780
	% irradiancia PVSIG	0,00	2,24	7,19	11,82	15,41	17,05	0,00	100
	Generación - consumo (Wh)	-17460	-20937,14	-17008,04	-11034,52	-5666,69	-4322,42	-23620	Suma Wh
PVGIS	RED Consumo final (Wh)	17460	20937,1425	17008,0366	11034,5246	5666,6927	4322,42392	23620	405900
	Reducción consumo (Wh)	0	3012,85753	9691,96337	15935,4754	20763,3073	22977,5761	0	134780
	Excedentes (Wh)	0	0	0	0	0	0	0	0

De esta tabla se puede obtener la reducción de consumo en cada periodo horario y el excedente. Así para la hora 12 (10:45 UTC+1) de un día medio del mes de enero se tiene:

Consumo:	26.9700 Wh
Generación:	15.935 Wh
Reducción consumo:	15.935 Wh
Excedentes:	0 Wh

La tabla con los valores de IDAE y PVGIS es la siguiente:

Tabla 29. Consumo, generación y excedentes. IDAE y PVGIS

13. Análisis de la factura tras la instalación

Referencia IDAE

Finalmente se construye la factura que para el mes de enero es:

Tabla 30. Factura enero tras instalación según IDAE

FACTURA ENERO-IDAE				
Días	31/12/2021	31/01/2022		31,00
Término de potencia P1		A facturar	Precio (€/kW,a)	Total €
Punta		189,90	26,10	419,82
Valle		189,90	4,05	65,17
Término de energía		A facturar	Precio (€/kWh)	
Consumo P1		5.717,82	0,10	544,94
Generación reduccion P1		-1.124,08	0,10	-107,13
Excedentes P1		0,00	0,05	0,00
Consumo P2		4.890,01	0,09	423,79
Generación reduccion P2		-923,90	0,09	-80,07
Excedentes P2		0,00	0,05	0,00
Consumo P3		6.148,27	0,07	419,45
Generación reduccion P3		-837,81	0,07	-57,16
Excedentes P3		0,00	0,05	0,00
	Suma	13.870,32		
Término de energía reactiva				
Energía reactiva		0,00	0,00	0,00
Impuesto de electricidad		484,99	0,05	24,80
Alquiler equipos medida y control		31,00	0,98	30,46

Base imponible	1.684,07
IVA 21%	353,65
Total factura	2.037,72

Y finalmente se construye la tabla resumen del año.

Tabla 31. Factura después de la instalación con excedentes según IDAE

Factura despues instalación según IDAE											
MES factura	Desde	Hasta	CONSUMO (kWh)				GASTO (€)				
			P1	P2	P3	Suma	Potencia	Energia	Otros	Base	IVA	Total
Enero	31/12/2021	31/01/2022	4.593,74	3.966,11	5.310,46	13.870,32	484,99	1143,82	55,26	1684,07	353,65	2.037,72
Febrero	31/01/2022	28/02/2022	3.287,33	2.804,46	4.414,40	10.506,19	438,07	857,51	49,91	1345,49	282,55	1.628,04
Marzo	28/02/2022	31/03/2022	2.776,76	2.251,87	3.556,06	8.584,70	484,99	703,07	55,26	1243,32	261,10	1.504,42
Abril	31/03/2022	30/04/2022	1.837,85	1.739,51	2.790,90	6.368,25	469,35	523,71	53,48	1046,54	219,77	1.266,31
Mayo	30/04/2022	31/05/2022	1.497,10	1.431,12	2.281,83	5.210,04	484,99	441,47	55,26	981,72	206,16	1.187,88
Junio	31/05/2022	30/06/2022	1.478,29	1.393,63	2.540,93	5.412,85	469,35	451,87	53,48	974,70	204,69	1.179,39
Julio	30/06/2022	31/07/2022	2.095,92	2.080,84	3.355,69	7.532,45	484,99	618,86	55,26	1159,11	243,41	1.402,52
Agosto	31/07/2022	31/08/2022	2.105,59	2.122,52	3.385,29	7.613,39	484,99	626,46	55,26	1166,71	245,01	1.411,72
Septiembre	31/08/2022	30/09/2022	1.719,86	1.698,75	2.820,93	6.239,54	469,35	519,55	53,48	1042,38	218,90	1.261,28
Octubre	30/09/2022	31/10/2022	1.928,60	1.956,41	2.665,36	6.550,37	484,99	545,25	55,26	1085,50	227,96	1.313,46
Noviembre	31/10/2022	30/11/2022	3.245,70	2.800,59	3.952,65	9.998,94	469,35	821,70	53,48	1344,53	282,35	1.626,88
Diciembre	30/11/2022	31/12/2022	4.070,41	3.556,38	4.791,83	12.418,63	484,99	1023,05	55,26	1563,30	328,29	1.891,59
Sumas			30.637,15	27.802,20	41.866,33	100.305,67	5.710,40	8.276,32	650,65	14.637,37	3073,84	17.711,21

Tabla 32. Factura antes de la instalación

Factura edificio antes de la instalación											
MES factura	Desde	Hasta	CONSUMO (kWh)				GASTO (€)				
			P1	P2	P3	Suma	Potencia	Energia	Otros	Base	IVA	Total
Enero	31/12/2021	31/01/2022	5.717,82	4.890,01	6.148,27	16.756,11	484,99	1388,18	126,23	1999,40	419,87	2.419,27
Febrero	31/01/2022	28/02/2022	4.704,66	4.062,77	5.144,12	13.911,55	438,07	1151,42	108,78	1698,27	356,64	2.054,91
Marzo	28/02/2022	31/03/2022	4.564,94	3.927,82	4.973,20	13.465,96	484,99	1114,75	112,25	1711,99	359,52	2.071,51
Abril	31/03/2022	30/04/2022	3.802,34	3.458,44	4.130,33	11.391,11	469,35	943,90	101,74	1514,99	318,15	1.833,14
Mayo	30/04/2022	31/05/2022	3.485,25	3.249,19	3.838,92	10.573,36	484,99	875,66	100,03	1460,68	306,74	1.767,42
Junio	31/05/2022	30/06/2022	3.532,76	3.352,26	4.000,24	10.885,26	469,35	900,11	99,50	1468,96	308,48	1.777,44
Julio	30/06/2022	31/07/2022	4.314,61	4.137,76	5.104,80	13.557,17	484,99	1118,07	112,42	1715,48	360,25	2.075,73
Agosto	31/07/2022	31/08/2022	4.244,10	4.046,55	5.047,23	13.337,88	484,99	1099,51	111,47	1695,97	356,15	2.052,12
Septiembre	31/08/2022	30/09/2022	3.741,49	3.396,36	4.173,38	11.311,24	469,35	935,66	101,31	1506,32	316,33	1.822,65
Octubre	30/09/2022	31/10/2022	3.712,76	3.259,00	3.928,13	10.899,89	484,99	904,27	101,49	1490,75	313,06	1.803,81
Noviembre	31/10/2022	30/11/2022	4.578,15	3.916,97	4.843,13	13.338,24	469,35	1106,19	110,03	1685,57	353,97	2.039,54
Diciembre	30/11/2022	31/12/2022	5.100,01	4.387,98	5.553,23	15.041,23	484,99	1245,19	118,92	1849,10	388,31	2.237,41
Sumas			51.498,89	46.085,12	56.884,99	154.469,00	5.710,40	12.782,91	1.304,17	19.797,48	4157,47	23.954,95

Con lo que se ha pasado de:

Antes: 19.797,48 € + IVA = 23.954,95 €

Después: 14.637,37 € + IVA = 17.711,21 €

Ahorro = 5.160,11 + IVA = 6.243,73 €/año

Referencia PVGIS

Finalmente se construye la factura que para el mes de enero es:

Tabla 33. Factura enero tras la instalación

FACTURA ENERO-PVGIS				
Dias	31/12/2021	31/01/2022	31,00	
Término de potencia P1		A facturar	Precio (€/kW,a)	Total €
Punta		189,90	26,10	419,82
Valle		189,90	4,05	65,17
Término de energía		A facturar	Precio (€/kWh)	
Consumo P1		5.717,82	0,10	544,94
Generación reduccion P1		-1.541,28	0,10	-146,89
Excedentes P1		0,00	0,05	0,00
Consumo P2		4.890,01	0,09	423,79
Generación reduccion P2		-1.423,88	0,09	-123,40
Excedentes P2		0,00	0,05	0,00
Consumo P3		6.148,27	0,07	419,45
Generación reduccion P3		-1.213,02	0,07	-82,75
Excedentes P3		0,00	0,05	0,00
	Suma	12.577,93		
Término de energía reactiva				
Energía reactiva		0,00	0,00	0,00
Impuesto de electricidad		484,99	0,05	24,80
Alquiler equipos medida y control		31,00	0,98	30,46

Base imponible	1.575,39
IVA 21%	330,83
Total factura	1.906,22

Y finalmente se construye la tabla resumen del año.

Tabla 34. Factura después de la instalación con excedentes según PVGIS

Factura despues instalación según PVGIS													
			CONSUMO (kWh)					GASTO (€)					
MES factura	Desde	Hasta	P1	P2	P3	Suma	Potencia	Energia	Otros	Base	IVA	Total	
Enero	31/12/2021	31/01/2022	4.176,55	3.466,13	4.935,25	12.577,93	484,99	1035,14	55,26	1575,39	330,83	1.906,22	
Febrero	31/01/2022	28/02/2022	3.019,52	2.408,53	4.233,38	9.661,43	438,07	785,33	49,91	1273,31	267,40	1.540,71	
Marzo	28/02/2022	31/03/2022	2.657,47	2.090,01	3.441,04	8.188,52	484,99	678,38	55,26	1218,63	255,91	1.474,54	
Abril	31/03/2022	30/04/2022	1.695,02	1.660,18	2.546,21	5.901,41	469,35	495,62	53,48	1018,45	213,87	1.232,32	
Mayo	30/04/2022	31/05/2022	1.295,68	1.360,88	1.924,19	4.580,75	484,99	407,62	55,26	947,87	199,05	1.146,92	
Junio	31/05/2022	30/06/2022	1.313,54	1.381,20	2.225,02	4.919,76	469,35	425,44	53,48	948,27	199,14	1.147,41	
Julio	30/06/2022	31/07/2022	2.101,43	2.133,96	3.164,87	7.400,26	484,99	610,79	55,26	1151,04	241,72	1.392,76	
Agosto	31/07/2022	31/08/2022	2.109,16	2.149,65	3.214,80	7.473,61	484,99	616,85	55,26	1157,10	242,99	1.400,09	
Septiembre	31/08/2022	30/09/2022	1.726,96	1.742,10	2.704,97	6.174,04	469,35	515,99	53,48	1038,82	218,15	1.256,97	
Octubre	30/09/2022	31/10/2022	1.816,30	1.895,25	2.510,13	6.221,68	484,99	524,58	55,26	1064,83	223,61	1.288,44	
Noviembre	31/10/2022	30/11/2022	3.018,93	1.360,88	3.793,93	9.403,74	469,35	771,08	53,48	1293,91	271,72	1.565,63	
Diciembre	30/11/2022	31/12/2022	3.536,25	3.176,44	4.417,88	11.130,58	484,99	913,69	55,26	1453,94	305,33	1.759,27	
Sumas			28.466,81	26.055,21	39.111,69	93.633,71	5.710,40	7.780,51	650,65	14.141,56	2969,72	17.111,28	

Tabla 35. Factura antes de la instalación

MES factura	Desde	Hasta	P1	P2	P3	Suma	Potencia	Energía	Otros	Base	IVA	Total
						Factura edificio antes de la instalación						
			CONSUMO (kWh)				GASTO (€)					
Enero	31/12/2021	31/01/2022	5.717,82	4.890,01	6.148,27	16.756,11	484,99	1388,18	126,23	1999,40	419,87	2.419,27
Febrero	31/01/2022	28/02/2022	4.704,66	4.062,77	5.144,12	13.911,55	438,07	1151,42	108,78	1698,27	356,64	2.054,91
Marzo	28/02/2022	31/03/2022	4.564,94	3.927,82	4.973,20	13.465,96	484,99	1114,75	112,25	1711,99	359,52	2.071,51
Abril	31/03/2022	30/04/2022	3.802,34	3.458,44	4.130,33	11.391,11	469,35	943,90	101,74	1514,99	318,15	1.833,14
Mayo	30/04/2022	31/05/2022	3.485,25	3.249,19	3.838,92	10.573,36	484,99	875,66	100,03	1460,68	306,74	1.767,42
Junio	31/05/2022	30/06/2022	3.532,76	3.352,26	4.000,24	10.885,26	469,35	900,11	99,50	1468,96	308,48	1.777,44
Julio	30/06/2022	31/07/2022	4.314,61	4.137,76	5.104,80	13.557,17	484,99	1118,07	112,42	1715,48	360,25	2.075,73
Agosto	31/07/2022	31/08/2022	4.244,10	4.046,55	5.047,23	13.337,88	484,99	1099,51	111,47	1695,97	356,15	2.052,12
Septiembre	31/08/2022	30/09/2022	3.741,49	3.396,36	4.173,38	11.311,24	469,35	935,66	101,31	1506,32	316,33	1.822,65
Octubre	30/09/2022	31/10/2022	3.712,76	3.259,00	3.928,13	10.899,89	484,99	904,27	101,49	1490,75	313,06	1.803,81
Noviembre	31/10/2022	30/11/2022	4.578,15	3.916,97	4.843,13	13.338,24	469,35	1106,19	110,03	1685,57	353,97	2.039,54
Diciembre	30/11/2022	31/12/2022	5.100,01	4.387,98	5.553,23	15.041,23	484,99	1245,19	118,92	1849,10	388,31	2.237,41
Sumas			51.498,89	46.085,12	56.884,99	154.469,00	5.710,40	12.782,91	1.304,17	19.797,48	4157,47	23.954,95

Con lo que se ha pasado de:

Antes: 19.797,48 € + IVA=23.954,95 €

Después: 14.141,56 € + IVA=17.111,28 €

Ahorro=5.655,92 +IVA=6.843,66 €/año

14. Circuito de corriente continua. Cableado y protecciones

El circuito de corriente continua es el que une los paneles solares con el inversor trifásico que suele estar situado en la parte cubierta de la edificación.

Esquema

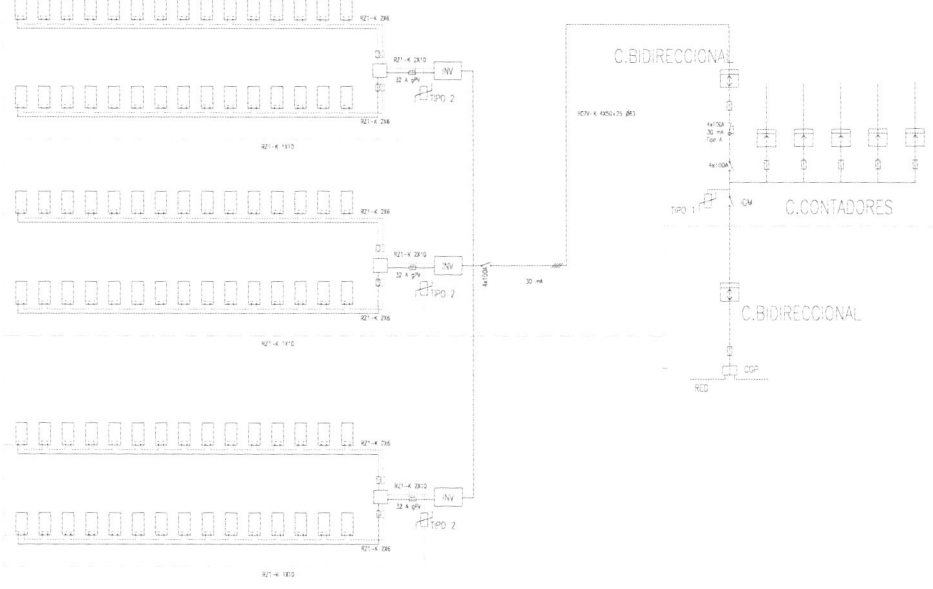

Figura 14. Esquema instalación lado continua

A continuación, se expone la determinación de las líneas que unen en serie los módulos fotovoltaicos y las líneas que parten del repartidor y terminan en los inversores SMA de 15 kW.

Estas líneas presentan una longitud de 25 m desde el repartidor junto a los paneles hasta el inversor y se suele instalar sin tubo de protección, fijados directamente sobre las estructuras y cerramientos, si bien también puede instalarse bajo tubo.

Según la ITC-BT-20, Apartado 2.2.2, estas instalaciones sin tubo de protección se construyen con cables 0,6/1 kV con cubierta. La tensión del sistema es de 795,60 V (V_{oc} a -3 °C).

La intensidad de continua que llega a cada inversor será la suma de los dos circuitos serie. El módulo Atersa A-450M aporta una intensidad en el punto de máxima potencia de 10,85 A, por tanto, ésta es la intensidad esperada en cada serie de 15 módulos.

Para cada serie de 15 módulos, se elige un conductor unipolar de cobre aislado polietileno reticulado (XLPE), RZ1-K, de 6 mm^2 de sección, a instalar en montaje superficial directamente fijado sin tubo de protección, que presenta una intensidad admisible de 52 A (según Tabla C52, 1 bis de la norma HD60364, método de instalación C), superior a la intensidad nominal de 10,85 A calculada. Se marcará con color rojo el conductor polar y con color negro el compensador.

Se elige esta sección de 6 mm^2 porque es la habitual en las instalaciones. Además, los latiguillos de los paneles fotovoltaicos son de 4 mm^2, por lo que se podría también tomar esta sección si cumple con todas las condiciones reglamentarias.

Tras unirse en el repartidor los dos circuitos de cada grupo de módulos, la intensidad de la línea saliente será:

$$I = 2 \times 10,85 = 21,70 \text{ A} < 33 \text{ A máximo}$$

Como el inversor presenta dos entradas MPPT también se habría podido conectar cada serie a una de las entradas y eliminarse la caja de conexiones.

Se elige un conductor unipolar de cobre aislado polietileno reticulado (XLPE), RZ1-K, de 10 mm^2 de sección, a instalar en montaje superficial directamente fijado sin tubo de protección, que presenta una intensidad admisible de 72 A (según Tabla C52, 1 bis de la norma HD60364, método de instalación C), superior a la intensidad nominal de 21,70 A calculada. Se marcará con color rojo el conductor polar y con color negro el compensador.

En el mercado se encuentran cables diseñados para instalaciones fotovoltaicas con la coloración rojo - negro y los fabricantes aportan tablas con las intensidades admisibles. Un conductor muy utilizado es el denominado H1Z2Z2-K con aislamiento y cubierta de goma.

Tabla 36. Intensidades admisibles

Tabla C52,1 bis, HD 60364-5-52:2011																		
Intensidades admisibles en amperios. Temperatura ambiente 40ºC en el aire. Conductores de cobre																		
Método de instalación	Número de conductores cargados y tipo de aislamiento																	
A1		PVC3	PVC2				XLPE3		XLPE2									
A2	PVC3	PVC2			XLPE3		XLPE2											
B1			PVC3			PVC2					XLPE3				XLPE2			
B2		PVC3	PVC2					XLPE3	XLPE2									
C					PVC3					PVC2				XLPE3		XLPE2		
E						PVC3					PVC2			XLPE3		XLPE2		
F									PVC3			PVC2			XLPE3		XLPE2	
1	2	3	4	5a	5b	6a	6b	7a	7b	8a	8b	9a	9b	10a	10b	11	12	13
Sección mm² COBRE																		
1,5	11	11,5	12,5	13,5	14	14,5	15,5	16	16,5	17	17,5	19	20	20	20	21	23	–
2,5	15	15,5	17	18	19	20	20	21	22	23	24	26	27	26,5	28	30	32	–
4	20	20	22	24	25	26	28	29	30	31	32	34	36	36	38	40	44	–
6	25	26	29	31	32	34	36	37	39	40	41	44	46	46	49	52	52	–
10	33	36	40	43	45	46	49	52	54	54	57	60	63	65	68	72	78	–
16	45	48	53	59	61	63	66	69	72	73	77	81	85	87	91	97	104	–
25	59	63	69	77	80	82	86	87	91	95	100	103	108	110	115	122	135	146
35	–	–	–	95	100	101	106	109	114	119	124	127	133	137	143	153	168	182
50	–	–	–	116	121	122	128	133	139	145	151	155	162	167	174	188	204	220
70	–	–	–	148	155	155	162	170	178	185	193	199	208	214	223	243	262	282
95	–	–	–	180	188	187	196	207	216	224	234	241	252	259	271	298	320	343
120	–	–	–	207	217	216	226	240	251	260	272	280	293	301	314	350	373	397
150	–	–	–	–	–	247	259	276	289	299	313	322	337	343	359	401	430	458
185	–	–	–	–	–	281	294	314	329	341	356	368	385	391	409	460	493	523
240	–	–	–	–	–	330	345	368	385	401	419	435	455	468	489	545	583	617

Se indican como 3 los circuitos trifásicos y como 2 los monofásicos.
A efecto de las instensidades admisibles los cables con aislamiento termoplástico a base de poliolefina (Z1) son equivalentes a los cables con aislamiento

Las comprobaciones de diseño y protección del circuito, se pueden resumir en las siguientes cuatro condiciones:

1. protección del circuito, sobrecargas

Para cada serie se elige un fusible de 16 A tipo gPV de forma que, además de proteger los conductores protege a los módulos fotovoltaicos que presentan una intensidad máxima de 20 A.

$$10,85 < I_F = 16 < I_{adm} = 52 \text{ A} \text{ protección conductor}$$

$$10,85 < I_F = 16 < I_{inversor} = 20 \text{ A protección módulos}$$

Es conveniente observar que el conductor no se sobrecargará en ningún caso dado que la intensidad del circuito de 10,85 A es muy inferior a la admisible del conductor, por tanto el fusible sólo protegerá a la cadena de módulos en caso de alta temperatura ambiente y alta irradiancia.

Dado que la mayor corriente se produce por una conexión accidental con el circuito de alterna, el fusible se colocará junto al repartidor, en el origen del circuito, de acuerdo con lo indicado en la ITC-BT-22, Apartado 1b.

En la línea colectora de 10 mm² se colocará un fusible de 32 A para proteger el inversor y la propia línea.

$21,70 < I_F = 32 < I_{adm} = 72$ A protección conductor

$21,70 < I_F = 32 < I_{inversor} = 33$ A protección inversor

Este fusible se colocará en el origen del circuito junto al inversor.

Si bien el reglamento no lo exige se recomienda colocar un fusible para el polo positivo y otro para el negativo.

2. Caída de tensión (L = 25 m hasta inversores).

Con cable de 10 mm², la caída de tensión para una longitud del circuito de 25 m, desde el cuadro, es de:

$$\Delta v(\%) = \frac{2 \times R \times l}{U} \times 100 = 2 \times \frac{L}{S \times C} \times \frac{I}{U} \times 100 = 2 \times \frac{25}{10 \times 56} \times \frac{21}{15 \times 41,5} \times 100 = 0,31\% < 1,5\%$$

La caída de tensión admisible para los cables de conexión viene determinada por el Apartado 5 de la ITC-BT-40 y queda establecida en el 1,5%.

3. Protección contra cortocircuitos

La corriente de cortocircuito esperable en el circuito serie de 15 paneles es la intensidad de cortocircuito indicada por el fabricante del panel fotovoltaico para la temperatura esperable más alta, 50 °C para Valencia, obtenida anteriormente de 11,74 A.

La corriente de cortocircuito en una serie puede provenir de la parte de corriente alterna o bien de las otras series.

Esta corriente proveniente de otras series es:

$I_{max} = I_{ccmax} \times N = 11,74 \times 1 = 11,74$ A

Esta intensidad de cortocircuito es inferior a la intensidad máxima admisible de los conductores de las series de 52 A (6 mm²), por lo que durante el tiempo que dura el cortocircuito hasta el disparo del fusible los conductores quedan protegidos.

$11,74 < I_{adm} = 52$ A protección conductor

Además, estos fusibles servirán para el aislamiento de la serie situándose al inicio, si bien es siempre recomendable la colocación de un interruptor para cada serie.

Y también queda protegido el conductor de 10 mm² con intensidad admisible 72 A.

$2 \times 11,74 = 23,42 < I_{adm} = 72$ A condición protección

El fusible de 32 A se situará junto al inversor, punto de inicio del peor cortocircuito alimentado por la instalación de corriente alterna y los fusibles de 16 A al inicio de cada serie.

4. Protección contra cortocircuitos (poder de corte Pc)

Se eligen fusibles gPV con un poder de corte de 10 kA, suficiente para proteger los circuitos, tanto las series como le línea colectora

$$P_c = 10 \text{ kA} > 11,74 \times 3 = 35,22 \text{ A} = I_{cc}$$

5. Tensión de utilización

Se eligen fusibles gPV de 1.000 V de tensión de utilización, valor superior a la máxima tensión de la instalación 795,60 V.

$$V_F = 1.000 > 795,60 \text{ V}$$

Compensador

El conductor compensador será igual al polar marcado con color negro.

Conductor de tierra

De acuerdo con lo indicado en el PCTred, Apartado 5.9, Todas las masas de la instalación fotovoltaica, tanto de la sección continua como de la alterna, estarán conectadas a una única tierra.

De acuerdo con la Tabla 2 de la ITC-BT-19, el conductor de protección tendrá la misma sección que el conductor de fase, al tener una sección inferior a 16 mm^2.

Tabla 37. Sección conductor de protección

Sección conductores de fase S (mm^2)	Sección conductor protección S$_p$ (mm^2)
S≤16	S$_p$=S
16<S≤35	S$_p$=16
S>35	S$_p$=S/2

Se utilizará un conductor RZ1-K de 10 mm^2 de sección.

Conductor de protección

Se corresponde con el conductor de tierra

Tubo de protección

No se determina al tratarse de montaje superficial fijado directamente sobre la estructura.

Protección contactos directos e indirectos

La protección contra los contactos directos queda cubierta por la utilización de conductores aislados y cajas de conexiones cerradas.

La protección contra los contactos directos queda cubierta por la utilización de conductores aislados y cajas de conexiones cerradas.

La protección contra los contactos indirectos queda cubierta al utilizarse paneles fotovoltaicos y conductores con aislamiento doble o reforzado, clase II (ver Figura 4), de acuerdo con lo indicado en la Guía-BT-24, Apartado 4.2.

La norma UNE-EN 50618, "Cables eléctricos para sistemas fotovoltaicos", indica que estos cables son adecuados para ser utilizados en instalaciones y equipos de clase II, aunque los cables no se clasifiquen como tales, por lo que se recomienda la utilización de estos cables si bien el elegido RZ1-K no incumplen el reglamento.

Figura 15. Cable solar. Fuente: Top Cable

Protector sobretensiones (SPD)

De acuerdo con lo indicado en la Guía-BT-40, Apartado 7, se recomienda instalar un protector de sobretensiones que derivará la corriente hacia la toma de tierra de los módulos fotovoltaicos que está unida a la toma de tierra de la instalación trifásica. Este protector de sobretensiones tiene como función proteger de las sobretensiones transitorias que provengan de una descarga eléctrica sobre los conductores de continua. Se trata de equipos especiales para las tensiones habituales en corriente continua de instalaciones fotovoltaicas. Se situará en la parte cubierta, junto al inversor.

La Guía-BT-23, Apartado 4, indica que, en general, se puede lograr la protección de la instalación mediante un dispositivo Tipo 2, instalado lo más cerca posible del origen de la instalación, en este caso, junto al inversor.

Como la tensión máxima de trabajo de la instalación es de 795,60 V (V_{oc} a -3 °C), se elige un protector de sobretensiones de 1.000 V.

Figura 16. Protector de sobretensiones corriente continua

En el mercado se pueden encontrar protectores de sobretensiones con desconexión de la carga mediante fusibles o bien protectores que limitan la tensión residual de la carga a valores admisibles.

El inversor elegido SMA, Sony Tripower 15000TL de 15 kW, incorpora un protector de sobretensiones de Tipo 2.

Conclusión

Una solución es para cada inversor:

| Circuito cc serie módulos $=$ RZ1-K, 2×6 mm^2, rojo y negro |

| Circuito cc línea colectora $=$ RZ1-K, 2×10 mm^2, rojo y negro |

| Circuito tierra $=$ RZ1-K, 1×10 mm^2 |

| Instalación superficial directa, C |

| FUSIBLES 16 A tipo gPV, 1000 V, 10 kA en la series |

| FUSIBLE 32 A tipo gPV, 1000 V, 10 kA, junto a inversor |

| Protector sobretensiones transitorias cc 1.000 V, Tipo 2, junto al inversor |

Se recomienda el uso de cable solar.

15. Circuito de corriente alterna. Cableado y protecciones

Esquema

El esquema general de conexión que se elige se corresponde con el esquema 9 de la Guía-BT-40, Apartado 4.3, en donde el circuito de generación termina en la centralización de contadores al no ser un consumo individual.

Este esquema es el típico en conjuntos de edificación vertical u horizontal, destinados principalmente a viviendas, edificios comerciales, de oficinas o destinados a una concentración de industrias.

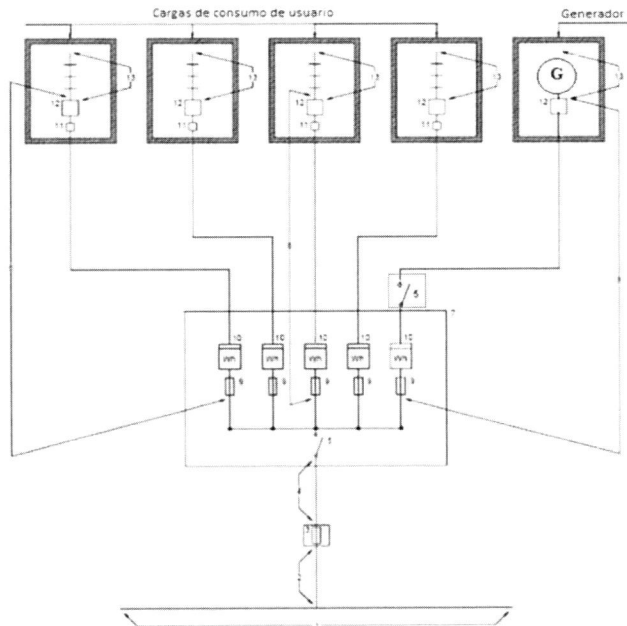

Figura 17. Esquema, ITC-BT 40

A continuación, se expone la determinación de circuito de alterna que se proviene de los tres inversores SMA de 15 kW de potencia.

Las salidas de los tres inversores se unen formando un circuito que llega hasta la centralización de contadores del edificio, situada en la planta baja. La longitud total del circuito de alterna para un edificio de 11 plantas y planta baja es de 40 metros.

Según la ITC-BT-26 (aplicable a viviendas o análogos), los conductores a utilizar en los circuitos interiores, uno por fase, uno de neutro y uno de protección, serán de cobre y aislados, siendo su tensión asignada 450/750 kV. No es exigible que el conductor sea no propagador del incendio (AS) y con emisión de humos y opacidad reducida (Z1). Es importante observar que no se indica que los conductores deban ser unipolares como sucede en las instalaciones de enlace.

La intensidad es, con factor de potencia 1 por no haber motores:

$$I = \frac{P}{\sqrt{3} \times U_F \times \cos\varphi} = \frac{3 \times 15.000}{\sqrt{3} \times 400 \times 1} = 64,95 \ A$$

Según el Apartado 5 de la ITC-BT-40 los cables de conexión deberán estar dimensionados para una intensidad no inferior al 125% de la máxima intensidad del generador.

La intensidad mayorada un 125% es:

$$I^* = 1,25 \times 64,95 = 81,19 \ A$$

Se elige un cable unipolar de cobre aislado PVC, (H07V-K), de 50 mm² de sección, a instalar bajo tubo a empotrar en pared (B1), que presenta una intensidad admisible de 116 A (según Tabla C52, 1 bis de la norma HD60364), superior a la intensidad nominal de 81,19 A calculada.

Tabla 38. Intensidades admisibles

Tabla C52,1 bis, HD 60364-5-52:2011																		
Intensidades admisibles en amperios. Temperatura ambiente 40ºC en el aire. Conductores de cobre																		
Método de instalación	Número de conductores cargados y tipo de aislamiento																	
A1		PVC3	PVC2			XLPE3		XLPE2										
A2	PVC3	PVC2			XLPE3	XLPE2												
B1				PVC3		PVC2					XLPE3			XLPE2				
B2			PVC3	PVC2					XLPE3	XLPE2								
C					PVC3			PVC2		XLPE3		XLPE2						
E						PVC3				PVC2		XLPE3		XLPE2				
F							PVC3			PVC2		XLPE3		XLPE2				
1	2	3	4	5a	5b	6a	6b	7a	7b	8a	8b	9a	9b	10a	10b	11	12	13
Sección mm² COBRE																		
1,5	11	11,5	12,5	13,5	14	14,5	15,5	16	16,5	17	17,5	19	20	20	20	21	23	–
2,5	15	15,5	17	18	19	20	20	21	22	23	24	26	27	26,5	28	30	32	–
4	20	20	22	24	25	26	28	29	30	31	32	34	36	36	38	40	44	–
6	25	26	29	31	32	34	36	37	39	40	41	44	46	46	49	52	52	–
10	33	36	40	43	45	46	49	52	54	54	57	60	63	65	68	72	78	–
16	45	48	53	59	61	63	66	69	72	73	77	81	85	87	91	97	104	–
25	59	63	69	77	80	82	86	87	91	95	100	103	108	110	115	122	135	146
35	–	–	–	95	100	101	106	109	114	119	124	127	133	137	143	153	168	182
50	–	–	–	116	121	122	128	133	139	145	151	155	162	167	174	188	204	220
70	–	–	–	148	155	155	162	170	178	185	193	199	208	214	223	243	262	282
95	–	–	–	180	188	187	196	207	216	224	234	241	252	259	271	298	320	343
120	–	–	–	207	217	216	226	240	251	260	272	280	293	301	314	350	373	397
150	–	–	–	–	–	247	259	276	289	299	313	322	337	343	359	401	430	458
185	–	–	–	–	–	281	294	314	329	341	356	368	385	391	409	460	493	523
240	–	–	–	–	–	330	345	368	385	401	419	435	455	468	489	545	583	617

Se indican como 3 los circuitos trifásicos y como 2 los monofásicos.
A efecto de las instensidades admisibles los cables con aislamiento termoplástico a base de poliolefina (Z1) son equivalentes a los cables con aislamiento

Las comprobaciones de diseño y protección del circuito, se pueden resumir en las siguientes cuatro condiciones:

1. Protección contra sobrecarga del conductor, se elige un PIA a la salida del inversor de 100 A y otro PIA igual a la llegada a la centralización de contadores

$$81,19 < I_p = 100 < I_{adm} = 116 \text{ A}$$

2.- Caída de tensión (L = 40 m de inversores a cuadro contadores)

Con cable de 50 mm², la caída de tensión para una longitud del circuito de 40 m, desde el cuadro situado en cubierta hasta el cuadro situado en la centralización de contadores, es de:

$$\Delta v(\%) = \frac{P \times L}{S \times C \times U^2} \times 100 = \frac{3 \times 15.000 \times 40}{50 \times 56 \times 400^2} \times 100 = 0,40 < 1,5\%$$

La caída de tensión admisible para los cables de conexión viene determinada por el Apartado 5 de la ITC-BT-40 y queda establecida en el 1,5%.

3. Protección contra cortocircuitos (condición de disparo del PIA)

La I_{cc} es la menor corriente de cortocircuito que se puede presentar en el circuito que empieza en el inversor y termina en la centralización de contadores. La potencia de la red es muy superior a la potencia que pueden aportar los tres inversores, por tanto, si se produce un cortocircuito estará alimentado desde la red, así, la menor corriente de cortocircuito se presentará en el punto más alejado de la red, es decir, en el punto donde se instalan los inversores, la cubierta del edificio. Esta corriente de cortocircuito debe ser detectada y despejada por el PIA de cabeza del circuito situado en la centralización de contadores.

El cortocircuito no puede ser alimentado sólo por la instalación de generación porque el inversor impide el funcionamiento en isla, en cumplimiento de la legislación vigente.

Según esto, se considera como origen o punto de alimentación del cortocircuito la CGP, según el Anexo III de la Guía de Aplicación del Reglamento, desde donde puede provenir mayor potencia.

Se obtiene considerando la resistencia desde la CGP, hasta el punto donde se sitúa el PIA, según Anexo III de la Guía-BT.

Considerando una línea general de alimentación LGA de 150 mm² (valor habitual en edificación vertical) de 10 m, la corriente de cortocircuito es:

$$Icc = \frac{0,8 \times U_{FN}}{L \times R} = \frac{0,8 \times 230}{10 \times \dfrac{2}{56 \times 150} + 40 \times \dfrac{2}{56 \times 50}} = 5.944 \text{ A}$$

cumpliéndose la condición

$$10 \, I_p = 10 \times 100 = 1000 < 5.944 \text{ A} = Icc$$

con lo que queda garantizado el disparo del PIA en todos los casos.

4. Protección contra cortocircuitos (poder de corte Pc)

La I_{cc} se calcula para el punto donde está situado el equipo de protección, en este caso la centralización de contadores, cuyo valor es:

$$Icc = \frac{0,8 \times U_{FN}}{L \times R} = \frac{0,8 \times 230}{10 \times \dfrac{2}{56 \times 150}} = 77.280 \text{ A}$$

Este valor supera ampliamente los valores de corriente de cortocircuito establecidos en las especificaciones particulares de Iberdrola, que establecen un valor a considerar en la centralización de contadores de 12 kA. Esto significa que el transformador de la red de distribución no puede aportar una corriente de cortocircuito superior a 12 kA en el punto de la centralización de contadores. Por tanto, el valor a considerar como corriente de cortocircuito en la centralización de contadores será de 12 kA.

En el PIA situado junto al inversor la intensidad de cortocircuito es de 5.944 A, calculada antes.

Se elige un PIA con un poder de corte de 10 kA para el situado junto al inversor y un PIA de 25 kA para el situado en la centralización de contadores, suficiente para proteger el circuito.

Conductor neutro

De acuerdo con lo indicado en la ITC-BT-19, Apartado 2.2.2, en instalaciones interiores, la sección del conductor neutro será como mínimo igual a la de las fases.

Conductor de protección

De acuerdo con la Tabla 2 de la ITC-BT-19, el conductor de protección tendrá la mitad de sección que el conductor de fase, 25 mm², al trabajar con secciones superiores a 35 mm², en este caso la sección de los conductores de fase es de 50 mm².

Tabla 39. Sección del conductor neutro

Sección conductores de fase S (mm²)	Sección conductor protección S_p (mm²)
S≤16	$S_p = S$
16<S≤35	$S_p = 16$
S>35	$S_p = S/2$

Tubo de protección

De acuerdo con lo indicado en la ITC-BT-21, Apartado 1.2.2, para conductores bajo tubo en canalizaciones empotradas, Tabla 3, los tubos serán de tipo flexible código 2221 y no propagadores de la llama.

El diámetro del tubo de protección se obtiene de la Tabla 5 de la Guía-BT-21 (canalización empotrada). De los inversores trifásicos sale un circuito formado por cinco conductores, tres fases, neutro y protección, por tanto, el diámetro será 63 mm.

Tabla 40. Tubo de protección

Tabla 5, ITC-BT-21, canalizaciones empotradas					
Diámetros exteriores mínimos de los tubos					
Sección nominal conductores	Diámetros exterior de los tubos (mm)				
	1	2	3	4	5
1,5	12	12	16	16	20
2,5	12	16	20	20	20
4	12	16	20	20	25
6	12	16	25	25	25
10	16	25	25	32	32
16	20	25	32	32	40
25	25	32	40	40	50
35	25	40	40	50	50
50	32	40	50	50	63
70	32	50	63	63	63
95	40	50	63	75	75
120	40	63	75	75	–
150	50	63	75	–	–
185	50	75	–	–	–
240	63	75	–	–	–

Interruptor diferencial

Junto al interruptor automático se instalará un interruptor diferencial para la protección contra contactos indirectos con una intensidad igual o superior a la del interruptor elegido.

Si bien la ITC-BT-40 en vigor no indica características del interruptor diferencial, la propuesta de nueva redacción que prepara el Ministerio prevé que sea inmunizado (tipo A, B o F) y con una sensibilidad inferior o igual a 30 mA en instalaciones en viviendas, o instalaciones accesibles al público general en zonas residenciales, o análogas.

Una solución es la colocación de un interruptor diferencial de 4×100 A, 30 mA, tipo A bien junto a la centralización de contadores o junto al inversor. En este caso se elige junto a la centralización de contadores.

Protector sobretensiones (SPD)

De acuerdo con lo indicado en la ITC-BT-40, Apartado 7, se instalará un protector de sobretensiones que derivará la corriente hacia la toma de tierra de los módulos fotovoltaicos que está unida a la toma de tierra de la instalación trifásica. Este protector de sobretensiones tiene como función proteger de las sobretensiones transitorias y permanentes que provengan de la red eléctrica.

Se puede elegir un interruptor automático de 4×100 A con el protector de sobretensiones incorporado pero, en este caso, sólo protegería el circuito de generación. Dado que se debe colocar este equipo, es recomendable colocar un equipo en la centralización de contadores.

En el mercado se pueden encontrar interruptores automáticos con el protector de sobretensiones incorporado.

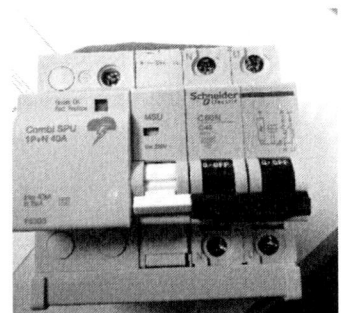

Figura 18. Protector de sobretensiones con IGA incorporado

De acuerdo con lo indicado en la Guía-BT-40, Apartado 4, en general, se puede lograr la protección de la instalación mediante un dispositivo Tipo 2 instalado lo más cerca posible del origen de la instalación interior, en este caso la instalación de generación, en la centralización de contadores. La guía también indica que el protector de sobretensiones se situará entre el IGA y el interruptor diferencial.

Dado que se debe colocar este equipo en la centralización de contadores es recomendable optar por la colocación de un protector de tipo 1 en el origen de la instalación (preferentemente antes de los contadores), de acuerdo con lo indicado en la Guía-BT-23, Apartado 4, de forma que queda protegido todo el edificio.

Conclusión

Una solución es:

Circuito generación TCP=H07V-K, $4 \times 50+25$ mm^2, $\Phi=63$ mm 2221 np llama

Instalación bajo tubo empotrado en obra, B1

PIA 4×100 A, 10 kA junto a inversores

PIA 4×100 A, 25 kA en CC

DIF 4×100, 30 mA, tipo A, en CC

Protección de sobretensiones tipo 1, en CC

Con el siguiente esquema resultante:

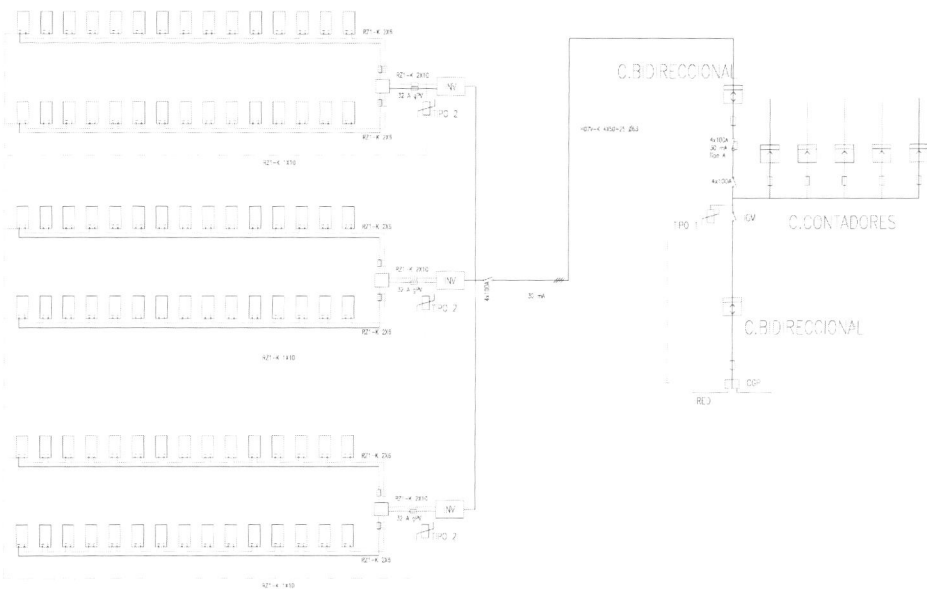

Figura 19. Esquema de la instalación

16. Equipo anti-vertido

El inversor SMA elegido ya incorpora un equipo anti-vertido, si bien no será activado puesto que se opta por la modalidad de autoconsumo con excedentes.

17. La medida. Contador

De acuerdo con lo indicado en el RD244/2019, Artículo 10, Apartado 2, con carácter general los consumidores acogidos a cualquier modalidad de autoconsumo deberán disponer de un equipo de medida bidireccional en el punto frontera.

El Apartado 3 del citado artículo, indica que, adicionalmente las instalaciones de generación deberán disponer de un equipo de medida que registre la generación neta en el caso de autoconsumo colectivo. Como en algunos casos (falta de sol) este contador medirá consumos, también debe ser bidireccional.

Se deberán colocar, por tengo dos contadores, uno bidireccional en el punto frontera de conexión con la red y otro contador en el circuito de generación que, con el conocimiento del consumo de los asociados, permitirá emitir la factura que corresponde a cada abonado con la compensación correspondiente por autogeneración y venta de excedentes.

De acuerdo con lo indicado en Artículo 7 del RD 1110/2007, por el que se aprueba el Reglamento Unificado de Puntos de Medida del Sistema Eléctrico (RUPM), a la instalación de generación le corresponde un punto de medida tipo 4, por ser la potencia (45 kW), superior a 15 kW e inferior a 50 kW.

Contador bidireccional tipo 4

En cualquier caso, lo habitual es que el contador se contrate con la compañía distribuidora en régimen de alquiler.

18. Presupuesto

18.1. Presupuesto

El presupuesto de la instalación es el siguiente:

Tabla 41. Presupuesto instalación

		PRESUPUESTO			
		Descripción			
1	Ud	Módulo fotovoltaico Atersa modelo A-450-P GS, completamente instalado y conectado			
		Comentario	medición	precio	importe
		Módulos fotovoltaicos	90		
		suma	90	130,00	11.700,00
2	Ud	Inversor trifásico SMA Suny Tripower 15000TL de 15 kW			
		Comentario	medición	precio	importe
		Inversor	3		
		suma	3	3.500,00	10.500,00
3	Ud	P.A. Protecciones			
		Comentario	medición	precio	importe
		Cuadro de inversor, PIA, Diferencial, protector sobretensiones tipo 2 CC, montado según planos	3	500,00	1.500,00
		Adecuación CC, PIA, Diferencial, protector sobretensiones tipo 1 CA, montado según planos	1	500,00	500,00
		suma			2.000,00
4	MI	Circuito formado por conductores unipolares aislados RZ1-k 2x6			
		Comentario	medición	precio	importe
		Interconexión módulos	165		
		suma	165	10,00	1.650,00
5	MI	Circuito formado por conductores unipolares aislados RZ1-k 4x50+25			
		Comentario	medición	precio	importe
		Conexión alterna	40		
		suma	40	20,00	800,00
6	MI	Conductor unipolar aislado RZ1-k 1x10			
		Comentario	medición	precio	importe
		Conductor de tierra	10		
		suma	10	29,00	290,00
7	MI	Estructura soporte			
		Comentario	medición	precio	importe
		Estructura soporte	1		
		suma	1	2.000,00	2.000,00
		TOTAL PRESUPUESTO EJECUCION MATERIAL			30.940,00

19. Análisis económico

Con la información obtenida en apartados anteriores se puede realizar un análisis económico básico de la inversión.

19.1. *Análisis económico, criterio IDAE*

Con la metodología del IDAE el resultado es el siguiente:

Inversión = 30.940,00 + IVA = 37.437,40 €

Ahorro = 5.160,11 + IVA = 6.243,73 €/año

Gasto anual mantenimiento = 150,00 + IVA = 181,50 €

Tiempo de retorno = 6,18 años

19.2. *Análisis económico, criterio PVGIS*

Con la metodología de PVGIS el resultado es el siguiente:

Inversión = 30.940,00 + IVA = 37.437,40 €

Ahorro = 5.655,92 + IVA = 6.843,66 €/año

Gasto anual mantenimiento = 150,00 + IVA = 181,50 €

Tiempo de retorno = 5,62 años

Resultado coincidente de forma aproximada con el obtenido a partir de datos de IDAE.

19.3. *Venta de excedentes*

Para las instalaciones con excedentes acogidas compensación en precio es el establecido por el mercado, PMD, que puede estimarse en un valor medio anual de 50 €/MWh.

Para instalaciones con excedentes no acogidas a compensación, al precio del mercado hay que descontarle el coste del peaje de generación (0,5 €/MWh) y el coste por representación en el mercado, que puede estimarse en 0,6 €/MWh, con lo cual el precio estimado de venta de la energía está en torno a 50-0,5-0,6 = 48,9 €/MWh. Acogida a compensación = 50 €/MWh

20. Legalización

Para la legalización de la instalación se requerirán los siguientes trámites administrativos:

Proyecto/MTD

De acuerdo con lo establecido en la ITC-BT-04 del Reglamento Electrotécnico de Baja Tensión, aparatado 3.1, las instalaciones de generación con potencia superior a 10 kW requieren proyecto. El resto de instalación sólo requiere una Memoria Técnica de Diseño MTD.

De acuerdo con lo indicado en el Apartado 3.h del Real Decreto 244/2019, para instalaciones fotovoltaicas la potencia instalada será la menor de entre las dos siguientes:

a) la suma de las potencias máximas unitarias de los módulos fotovoltaicos que configuran dicha instalación, medidas en condiciones estándar según la norma UNE correspondiente.

b) la potencia máxima del inversor o, en su caso, la suma de las potencias de los inversores que configuran dicha instalación.

Al tratarse de una instalación con tres inversores de 15 kW, y una potencia pico de 40,5 kWp, la potencia instalada es de 40,5 kW y, por tanto, se requiere proyecto técnico.

Industria

La legalización de la instalación se realizará de acuerdo con lo indicado en la ITC-BT-04, el RD1699/2011 y el RD244/2019 de autoconsumo.

Una vez ejecutada la obra, se procede a la presentación de la documentación en la administración competente. Los impresos a presentar, en el caso concreto que se estudia y para la comunidad valenciana, son los siguientes:

1) Comunicación de instalaciones de generación eléctrica conectadas en baja tensión, destinadas a autoconsumo (impreso COMUBTAC)

2) Certificado de Dirección y Terminación de Obra de instalaciones eléctricas en baja tensión (impreso CERINSBT) si se requiere proyecto. En el caso estudiado este documento es requerido.

3) Certificado de instalación eléctrica en baja tensión, Instalación de generación eléctrica destinada a autoconsumo (impreso CERTACEN)

4) Proyecto o Memoria Técnica de Diseño, MTD. En el caso estudiado se requiere proyecto.

5) Justificación cumplimiento reglamentación y protección funcionamiento en isla

6) Evaluación de la conformidad del sistema anti-vertido si se instala este equipo

Tras la presentación y revisión de la documentación, la administración hace entrega del certificado de la instalación debidamente diligenciado.

Además, por ser la potencia instalada inferior a 100 kW, la administración realizará la inscripción de oficio en el Registro administrativo de autoconsumo de energía eléctrica, así como la comunicación de oficio a la empresa distribuidora de que se van a acoger a autoconsumo.

Estos trámites se suelen poder hacerse de forma presencial y telemática con firma electrónica. En cada lugar habrá que consultar la forma de la tramitación.

Los impresos oficiales pueden variar entre las comunidades autónomas.

Se seguirá el procedimiento establecido en la ITC-BT-04 para conseguir el certificado de la empresa instaladora diligenciado por la autoridad competente en materia de seguridad industrial.

Inspecciones

Estas instalaciones de generación eléctrica no se encuentran dentro del Apartado 4.1 de la ITC-BT-05, en donde se relacionan las instalaciones que están sometidas a inspección inicial ni en el Apartado 4.2 en donde se indican las instalaciones que están sometidas a inspección periódica.

Ahora bien, la instalación se considera como local mojado por estar a la intemperie según el Apartado 2 de la ITC-BT-30 y se exigiría inspección a partir de 25 kW.

Registro autoconsumo, RADNE

El Artículo 9, Apartado 4, de la Ley 24/2013, del Sector Eléctrico, establece que los consumidores acogidos a las modalidades de autoconsumo de energía eléctrica tendrán la obligación de inscribirse en el registro administrativo de autoconsumo de energía eléctrica.

El Artículo 20 del Real Decreto 244/2019, indica que para aquellos sujetos consumidores que realicen autoconsumo, conectados en baja tensión, en los que la instalación de generación sea de baja tensión y la potencia instalada de generación sea menor de 100 kW, la inscripción en el registro de autoconsumo se llevará a cabo de oficio por las comunidades autónomas en sus respectivos registros a partir de la información remitida a las mismas en virtud del Reglamento Electrotécnico de Baja Tensión.

En el resto de casos, potencia igual o superior a 100 kW o alta tensión, se deberá solicitar la inscripción en el registro de autoconsumo.

Al tratarse de una instalación de autoconsumo conectada a la red interior de baja tensión y una potencia de 40,5 kW, inferior a 100 kW, la inscripción será realizada de oficio por la autoridad competente en materia de energía a partir de la información facilitada para la legalización de la instalación.

Registro de producción, RAIPEE

De acuerdo con lo indicado en el Artículo 9.3 de la Ley 24/2014 del Sector Eléctrico, las instalaciones de producción no superiores a 100 kW de potencia asociadas a modalidades de suministro con autoconsumo con excedentes estarán exentas de la obligación de inscripción en el registro administrativo de instalaciones de producción de energía eléctrica, RAIPEE.

Al tratarse de una instalación con excedentes con potencia no superior a 100 kW no se requiere la inscripción en el RAIPEE.

Permiso de acceso y conexión

El Artículo 7, Apartado i, del Real Decreto 244/2019, indica que las instalaciones de generación de los consumidores acogidos a la modalidad de autoconsumo sin excedentes, estarán exentas de obtener permisos de acceso y conexión.

En el Apartado ii del citado artículo, se añade que, en las modalidades de autoconsumo con excedentes, las instalaciones de producción de potencia igual o inferior a 15 kW que se ubiquen en suelo urbanizado que cuente con las dotaciones y servicios requeridos por la legislación urbanística, estarán exentas de pedir permisos de acceso y conexión.

En caso de que la potencia supere los 15 kW el procedimiento para la obtención de los permisos de acceso y conexión se regirá por lo establecido en el Real Decreto 1699/2011, de 18 de noviembre, por el que se regula la conexión a red de instalaciones de producción de energía eléctrica de pequeña potencia si no se superan los 100 kW.

En caso de superarse la potencia de 100 kW se debe seguir el procedimiento de acceso establecido en el Real Decreto 1955/2000.

Al tratarse de una instalación de producción de 40,5 kW de potencia, ubicada en suelo urbanizado se requiere la obtención de permisos de acceso y conexión, para lo cual se seguirá el procedimiento establecido en el RD 1699/2011.

El procedimiento detallado para la obtención de los permisos de acceso y conexión viene indicado en el Real Decreto 647/2020, de 7 de julio, por el que se regulan aspectos necesarios para la implementación de los códigos de red de conexión de determinadas instalaciones eléctricas y las resoluciones de la CNMC que lo desarrollan.

Código de Autoconsumo CAU

El CAU viene definido en el formato A1, de la CNMC, de los ficheros de intercambio de información entre comunidades y ciudades autónomas y distribuidores para la remisión de información sobre el autoconsumo de energía eléctrica, aprobado por Resolución de 13 de noviembre de 2019, por la que se aprueba el formato de los ficheros de intercambio de información entre Comunidades y Ciudades con estatuto de autonomía y distribuidores para la remisión de información sobre el autoconsumo de energía eléctrica, publicada en el Anuncio de la CNMC, BOE de 23 de noviembre de 2019.

El citado fichero A1 define el CAU como un código que identifica unívocamente a la instalación de autoconsumo y que relaciona todos los puntos de consumo y de generación asociados a la misma.

El distribuidor eléctrico es el encargado de generar y proporcionar este código de autoconsumo que seguirá la siguiente estructura.

La estructura será la del Código Unificado de Punto de Suministro (CUPS) definido en los procedimientos de operación del sistema más la letra "A" + "3 dígitos numéricos".

En el caso de los autoconsumos individuales el CAU será el código del CUPS de consumo + "A000".

En el caso de los autoconsumos colectivos el CAU será uno de los CUPS asociados al colectivo + "A000".

Contrato de acceso y conexión

De acuerdo con lo indicado en el Artículo 8 del Real Decreto 244/2019, para acogerse a cualquiera de las modalidades de autoconsumo, cada uno de los consumidores que dispongan de contrato de acceso para sus instalaciones de consumo, deberá comunicar dicha circunstancia a la empresa distribuidora o transportista, directamente o a través de la empresa comercializadora.

La empresa distribuidora, o transportista, dispondrá de un plazo de 10 días desde la recepción de dicha comunicación para modificar el correspondiente contrato de acceso existente, para reflejar este hecho y para su remisión al consumidor. El consumidor dispondrá de un plazo de diez días desde su recepción para notificar a la empresa distribuidora o transportista, cualquier disconformidad.

Sin perjuicio de lo anterior, para aquellos sujetos consumidores conectados en baja tensión en los que la instalación generadora sea de baja tensión y la potencia instalada de generación sea menor de 100 kW que realicen autoconsumo, la modificación del contrato de acceso será realizada por la empresa distribuidora a partir de la documentación remitida por las comunidades autónomas a dicha empresa como consecuencia de las obligaciones contenidas en el Reglamento Electrotécnico de Baja Tensión.

Las Comunidades Autónomas deberán remitir dicha información a las empresas distribuidoras en el plazo no superior a diez días desde su recepción.

Dicha modificación del contrato será remitida por la empresa distribuidora a las empresas comercializadoras y a los consumidores correspondientes en el plazo de cinco días a contar desde la recepción de la documentación remitida por la comunidad autónoma. El consumidor dispondrá de un plazo de diez días desde su recepción para notificar a la empresa distribuidora o transportista cualquier disconformidad.

Para acogerse a cualquiera de las modalidades de autoconsumo, los consumidores que no dispongan de contrato de acceso para sus instalaciones de consumo deberán suscribir un contrato de acceso con la empresa distribuidora directamente o a través de la empresa comercializadora, reflejando esta circunstancia.

Si la potencia es mayor de 100 kW se debe seguir el procedimiento de acceso establecido en el Real Decreto 1955/2000.

En el caso estudiado, al ser la potencia inferior a 100 kW, la modificación del contrato de acceso será realizada por la empresa distribuidora a partir de la documentación remitida por las comunidades autónomas a dicha empresa como consecuencia de las obligaciones contenidas en el Reglamento Electrotécnico de Baja Tensión.

Mecanismo de compensación

El Artículo 4, Apartado 2, del Real Decreto 244/2019, indica que pertenecen a la modalidad de suministro con autoconsumo con excedentes acogida a compensación, aquellos casos en los que se cumpla con todas las condiciones siguientes:

1) La fuente de energía primaria sea de origen renovable.
2) La potencia total de la instalación de producción asociada no sea superior a 100 kW.
3) Se dispone de un único contrato de suministro.

4) Se disponga de contrato de compensación entre productor y consumidor asociado, aunque el productor y el consumidor serán la misma persona física o jurídica.

5) La instalación de producción no tenga otorgado un régimen retributivo adicional o específico.

En el caso de instalación de generación con excedentes acogida a compensación, de acuerdo con lo indicado en el Artículo 14 del Real Decreto 244/2019, se deberá suscribir un contrato de compensación de excedentes entre el productor y el consumidor, aunque sean el mismo que es el caso habitual.

En la Guía Profesional de Tramitación del Autoconsumo, editada por IDAE, se dispone de un modelo de contrato de compensación simplificada.

En el resto de casos, de suministro con autoconsumo con excedentes que no cumplan con alguno de los requisitos citados o que voluntariamente opten por no acogerse a la modalidad de compensación, se incluyen en la modalidad de excedentes no acogida a compensación.

El Artículo 4, Apartado 3, del RD 244/2019, indica que en el caso de autoconsumo colectivo, todos los consumidores participantes que se encuentren asociados a la misma instalación de generación deberán pertenecer a la misma modalidad de autoconsumo y deberán comunicar de forma individual a la compañía distribuidora como encargado de la lectura, directamente o a través de la empresa comercializadora, un mismo acuerdo firmado por todos los participantes que recoja los criterios de reparto. En la Guía Profesional de Tramitación del Autoconsumo, editada por IDAE, se dispone de modelos de acuerdos de reparto.

Por tanto, se deberá suscribir un contrato de compensación entre el productor formado por la comunidad de vecinos y cada uno de los vecinos junto a un acuerdo de criterios de reparto, en el que quedará establecida la participación de cada abonado. Este acuerdo se facilitará a la compañía distribuidora, directamente o través de la empresa comercializadora, para poder computar para cada abonado en su factura la parte que le corresponde de la energía excedentaria entregada a la red eléctrica.

Si bien el RD 244/2019 no lo indica expresamente, se debe comunicar también a la compañía distribuidora el contrato de compensación de excedentes y se solicitará su aplicación, tal como indica la Guía Profesional de Tramitación del Autoconsumo del IDAE en el Anexo V, "*modelos de documentación*".

Peajes de acceso

De acuerdo con lo indicado en el Artículo 9.5 de la Ley 24/2013, del Sector Eléctrico, la energía autoconsumida de origen renovable está exenta de todo tipo de peajes.

En la modalidad de autoconsumo con excedentes no acogida a compensación, los titulares de las instalaciones de producción, deberán satisfacer los peajes de acceso establecidos en el Real Decreto 1544/2011, según el Artículo 16 del Real Decreto 244/2019. Esto es de aplicación a las instalaciones netamente productoras más que consumidoras que son consideradas como instalaciones de generación.

La disposición transitoria única del Real Decreto 1544/2011, establece un peaje de acceso de 0,5 €/MWh para las instalaciones de generación.

En las instalaciones acogidas a compensación, la energía excedentaria no tiene la consideración de energía incorporada al sistema eléctrico y, en consecuencia, está exenta de satisfacer los peajes de acceso.

Contrato con la empresa comercializadora

El contrato con la empresa comercializadora debe reflejar la modalidad de autoconsumo a la que se acoge la instalación, según lo indicado en el Artículo 14, Apartado 3.

En caso de que se disponga de un contrato de suministro con una comercializadora libre, la energía horaria excedentaria, será valorada al precio horario acordado entre las partes.

En caso de que se disponga de un contrato de suministro con una empresa comercializadora de referencia el precio de la energía excedentaria viene establecido y será el precio medio horario, Pmh, del mercado diario menos el coste horario de los desvíos.

En ambos casos el precio de la energía excedentaria está en torno a 5 c€/kWh.

Dado que la modalidad es autoconsumo colectivo con excedentes acogida a compensación, se deberá comunicar a la empresa distribuidora como encargado de lectura, bien directamente o a través de la empresa comercializadora, un contrato de compensación entre al productor formado por la comunidad de vecinos y cada uno de los vecinos junto a un acuerdo de criterios de reparto, en el que quedará establecida la participación de cada abonado. De esta forma se podrá computar para cada abonado en su factura la parte que le corresponde la energía excedentaria entregada a la red eléctrica.

Código CIL

El código CIL, Código de Instalación de producción a efectos de Liquidación, es un código numérico que otorga el encargado de la lectura (compañía distribuidora o REE) a las instalaciones de producción, cuando tras la colocación o verificación del contador entra en funcionamiento la instalación. Por tanto, sólo afecta a las instalaciones de autoconsumo con excedentes.

Viene regulado por la Circular 1/2017, de 8 de febrero, de la Comisión Nacional de los Mercados y la Competencia, que regula la solicitud de información y el procedimiento de liquidación, facturación y pago del régimen retributivo específico de las instalaciones de producción de energía eléctrica a partir de fuentes de energía renovables, cogeneración y residuos.

Al igual que el CAU, el CIL se configura a partir del CUPS (que básicamente corresponde a la referencia catastral/geográfica de donde se ubica físicamente la instalación) añadiendo 3 cifras más (que suelen ser secuenciales).

Resumen

A modo de resumen las acciones que se deben tomar por parte de los abonados asociados a la instalación de autoconsumo colectivo con excedentes acogida a compensación son básicamente dos:

1) Legalizar la instalación ante el órgano competente en materia de energía de la comunidad autónoma correspondiente, mediante los impresos oficiales al efecto. La administración remitirá dicha documentación a la compañía distribuidora a los efectos del contrato de acceso y otorgamiento del código CIL (código de la instalación a efectos de liquidación) como encargado de la lectura. Asimismo, la administración inscribirá de oficio la instalación en el registro de autoconsumo.

2) Todos los abonados asociados a la instalación de autoconsumo deberán comunicar a la compañía distribuidora, directamente o a través de la compañía comercializadora, el contrato de compensación y el acuerdo de reparto firmado por todos los participantes.

Si bien el RD 244/2019 no lo indica expresamente, se debe comunicar también a la compañía distribuidora el contrato de compensación de excedentes y se solicitará su aplicación, tal como indica la Guía Profesional de Tramitación del Autoconsumo del IDAE en el Anexo V, "*modelos de documentación*".

Concluidos estos trámites la compañía distribuidora, como encargado de la lectura, otorgará un código CIL a la instalación y colocará un contador bidireccional para la medida de la generación, lo que con el conocimiento del consumo de los asociados, permitirá emitir la factura que corresponde a cada abonado con la compensación correspondiente por autogeneración y venta de excedentes.

21. Permiso de la comunidad de vecinos

El Artículo 17.1 de la Ley 49/1960 de Propiedad Horizontal, indica que la instalación de sistemas comunes o privativos, de aprovechamiento de energías renovables, o bien de las infraestructuras necesarias para acceder a nuevos suministros energéticos colectivos, podrá ser acordada, a petición de cualquier propietario, por un tercio de los integrantes de la comunidad que representen, a su vez, un tercio de las cuotas de participación.

La comunidad no podrá repercutir el coste de la instalación o adaptación de dichas infraestructuras comunes, ni los derivados de su conservación y mantenimiento posterior, sobre aquellos propietarios que no hubieren votado expresamente en la Junta a favor del acuerdo. No obstante, si con posterioridad solicitasen el acceso a los suministros energéticos, y ello requiera aprovechar las nuevas infraestructuras o las adaptaciones realizadas en las preexistentes, podrá autorizárseles siempre que abonen el importe que les hubiera correspondido, debidamente actualizado, aplicando el correspondiente interés legal.

No obstante, lo dispuesto en el párrafo anterior respecto a los gastos de conservación y mantenimiento, la nueva infraestructura instalada tendrá la consideración, a los efectos establecidos en esta Ley, de elemento común.

22. Factura de una vivienda tras la instalación

Tras la realización de la instalación y su puesta en servicio como autoconsumo colectivo con excedentes acogido a compensación, la factura de una de las viviendas del edificio estudiado queda como se indica en la siguiente tabla para el periodo de facturación de enero en donde, por simplicidad, se ha considerado un coeficiente de reparto igual para todos los abonados, 33 viviendas, 2 bajos comerciales, el aparcamiento y la comunidad de propietarios, total 37 abonados con un coeficiente de 1/37.

Se ha considerado la metodología de cálculo de PVGIS.

Tabla 42. Factura vivienda estimada después instalación

UNA VIVIENDA FACTURA ENERO-PVGIS				
Dias	31/12/2021	31/01/2022	31,00	
Término de potencia P1		A facturar	Precio (€/kW,a)	Total €
Punta		5	26,10	11,05
Valle		5	4,05	1,72
Término de energía		A facturar	Precio (€/kWh)	
Consumo P1		144,43	0,10	13,76
Generación reduccion P1		-41,66	0,10	-3,97
Excedentes P1		0,00	0,05	0,00
Consumo P2		119,34	0,09	10,34
Generación reduccion P2		-38,48	0,09	-3,34
Excedentes P2		0,00	0,05	0,00
Consumo P3		179,90	0,07	12,27
Generación reduccion P3		-32,78	0,07	-2,24
Excedentes P3		0,00	0,05	0,00
Suma		330,75		
Término de energía reactiva				
Energía reactiva		0,00	0,00	0,00
Impuesto de electricidad		12,77	0,05	0,65
Alquiler equipos medida y control		31,00	0,03	0,82
			Base imponible	41,06
			IVA 21%	8,62
			Total factura	49,68

Estos datos se obtienen de aplicar el coeficiente de participación a la reducción del consumo estimado del mes de periodo de facturación de enero, para cada uno de los tres periodos:

$$\text{Generación}_{\text{reducción}} \ P1 = 1.541,28 \times \frac{1}{37} = 41,66 \ kWh$$

$$\text{Generación}_{\text{reducción}} \ P2 = 1.423,28 \times \frac{1}{37} = 38,48 \ kWh$$

$$\text{Generación}_{\text{reducción}} \ P3 = 1.213,02 \times \frac{1}{37} = 32,78 \ kWh$$

Que serán descontados de la partida de energía

Y el excedente se obtiene de aplicar el coeficiente de participación al excedente del mes de enero que ha resultado nulo.

$$\text{Excedentes P1} = 0 \times \frac{1}{37} = 0 \text{ kWh}$$

$$\text{Excedentes P2} = 0 \times \frac{1}{37} = 0 \text{ kWh}$$

$$\text{Excedentes P3} = 0 \times \frac{1}{37} = 0 \text{ kWh}$$

Que también queda reflejado en la partida de energía.

Rescatando la factura del mes de enero de una vivienda antes de la instalación se obtiene el ahorro.

Tabla 43. Factura vivienda estimada antes instalación

UNA VIVIENDA FACTURA ANTES ENERO PVPC TARIFA 2,0TD				
Dias	31/12/2021	31/01/2022	31	
Término de potencia P1		A facturar	Precio (€/kW,a)	Total €
Punta		5	26,101256	11,05
Valle		5	4,051890	1,72
Término de energía		A facturar	Precio (€/kWh)	
P1 (punta)		144,43	0,095306	13,76
P2 (llano)		119,34	0,086665	10,34
P3 (valle)		179,90	0,068222	12,27
Suma		443,67		
Término de energía reactiva				
Energía reactiva		0,00	0	0
Impuesto de electricidad		49,14	0,051127	2,51
Alquiler equipos medida y control		31	0,026557	0,82
			Base imponible	52,47
			IVA 21%	11,02
			Total factura	63,49

Así, el ahorro estimado de una vivienda en el mes de enero es de:

$$\text{Ahorro} = 63,49 - 49,68 = 13,81 \text{ €}$$

Repitiendo estos cálculos para todos los meses del año se obtiene:

				Factura una vivienda despues instalación según PVGIS								
			CONSUMO (kWh)					GASTO (€)				
MES factura	Desde	Hasta	P1	P2	P3	Suma	Potencia	Energia	Otros	Base	IVA	Total
Enero	31/12/2021	31/01/2022	102,77	80,86	147,12	330,75	12,77	26,82	1,47	41,06	8,62	49,68
Febrero	31/01/2022	28/02/2022	71,73	53,11	125,65	250,48	11,53	20,02	1,33	32,88	6,90	39,78
Marzo	28/02/2022	31/03/2022	59,82	44,06	102,61	206,49	12,77	16,76	1,47	31,00	6,51	37,51
Abril	31/03/2022	30/04/2022	32,39	30,32	76,60	139,30	12,36	11,37	1,43	25,16	5,28	30,44
Mayo	30/04/2022	31/05/2022	20,57	21,56	58,83	100,96	12,77	8,77	1,47	23,01	4,83	27,84
Junio	31/05/2022	30/06/2022	22,49	23,73	67,78	113,99	12,36	9,59	1,43	23,38	4,91	28,29
Julio	30/06/2022	31/07/2022	46,48	46,78	96,83	190,09	12,77	15,35	1,47	29,59	6,21	35,80
Agosto	31/07/2022	31/08/2022	46,69	47,14	98,04	191,87	12,77	15,51	1,47	29,75	6,25	36,00
Septiembre	31/08/2022	30/09/2022	34,86	34,14	81,43	150,44	12,36	12,27	1,43	26,06	5,47	31,53
Octubre	30/09/2022	31/10/2022	35,62	36,26	75,01	146,89	12,77	12,09	1,47	26,33	5,53	31,86
Noviembre	31/10/2022	30/11/2022	70,53	56,80	112,61	239,94	12,36	19,33	1,43	33,12	6,96	40,08
Diciembre	30/11/2022	31/12/2022	87,31	75,26	132,05	294,62	12,77	23,85	1,47	38,09	8,00	46,09
Sumas			631,25	550,00	1.174,55	2.355,80	150,36	191,73	17,34	359,43	75,47	434,90

Gasto anual tras la instalación una vivienda (PVGIS) = 434,90 €

	CONSUMO (kWh)						GASTO (€)					
MES factura	Desde	Hasta	P1	P2	P3	Suma	Potencia	Energía	Otros	Base	IVA	Total
Enero	31/12/2021	31/01/2022	144,43	119,34	179,90	443,67	12,77	36,37	3,33	52,47	11,02	63,49
Febrero	31/01/2022	28/02/2022	117,27	97,82	150,26	365,35	11,53	29,91	2,86	44,30	9,30	53,60
Marzo	28/02/2022	31/03/2022	111,37	93,73	144,02	349,12	12,77	28,56	2,93	44,26	9,29	53,55
Abril	31/03/2022	30/04/2022	89,34	78,92	119,41	287,67	12,36	23,50	2,63	38,49	8,08	46,57
Mayo	30/04/2022	31/05/2022	79,75	72,59	110,58	262,92	12,77	21,43	2,57	36,77	7,72	44,49
Junio	31/05/2022	30/06/2022	82,47	77,00	115,76	275,22	12,36	22,43	2,58	37,37	7,85	45,22
Julio	30/06/2022	31/07/2022	106,30	100,94	149,26	356,49	12,77	29,06	2,96	44,79	9,41	54,20
Agosto	31/07/2022	31/08/2022	104,39	98,40	147,56	350,36	12,77	28,55	2,93	44,25	9,29	53,54
Septiembre	31/08/2022	30/09/2022	89,31	78,85	121,12	289,28	12,36	23,60	2,64	38,60	8,11	46,71
Octubre	30/09/2022	31/10/2022	86,87	73,12	113,34	273,33	12,77	22,35	2,62	37,74	7,93	45,67
Noviembre	31/10/2022	30/11/2022	112,67	92,64	140,97	346,28	12,36	28,39	2,88	43,63	9,16	52,79
Diciembre	30/11/2022	31/12/2022	129,58	108,00	162,73	400,31	12,77	32,81	3,15	48,73	10,23	58,96
Sumas			1.253,74	1.091,35	1.654,91	4.000,00	150,36	326,96	34,08	511,40	107,39	618,79

Gasto anual antes de la instalación una vivienda = 618,79 €

Con lo que el ahorro anual para una vivienda es de: 618.79 − 434,90 = 183,89 €

Si se prorratea también la inversión entre los 37 participantes queda:

$$\text{Inversión}_{vivienda} = 37.437,40 \times \frac{1}{37} = 1.011,82 \text{ €}$$

$$\text{Mantenimiento}_{vivienda} = 181,50 \times \frac{1}{37} = 4,91 \text{ €}$$

y finalmente queda un retorno de la inversión de 5,65 años.

Bibliografía

Cucó, Salvador. (2019). *Diseño de la instalación eléctrica de un edificio de viviendas*, (1ªed.). edUPV.

Cucó, Salvador. (2019). *Diseño de la instalación eléctrica de un local comercial*, (1ªed.). edUPV.

Cucó, Salvador. (2020). *Instalación fotovoltaica en autoconsumo. Caso práctico: centro deportivo*, (1ªed.). edUPV.